草山紅

1830-1990陽明山國家公園的茶業發展史

陳志豪 著

大尖茶業組合遺址／陳守泓攝

現今陽明山國家公園第二苗圃內，還留有一小片舊時茶園。茶園所在位置海拔約 680 公尺，因冬天時東北季風強勁，國家公園成立以來均採粗放式管理。此處的茶樹經行政院農委會茶業改良場協助鑑定係小葉種青心烏龍，經臺北市木柵區農會提供技術及產製協助製成紅茶，由茶改場邱垂豐副場長命名為「草山紅」。（里昂紅攝影工作室攝）

目錄

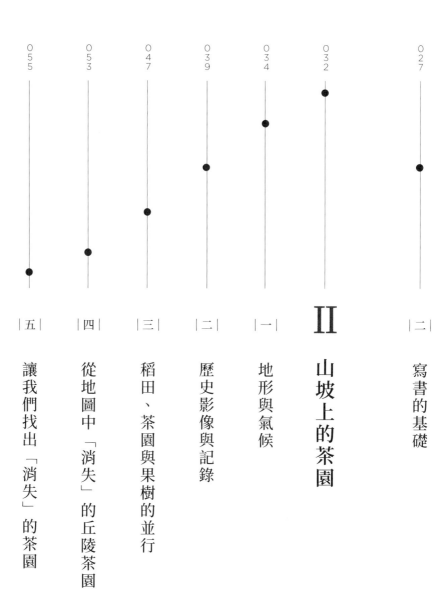

III 茶樹與茶農的身世

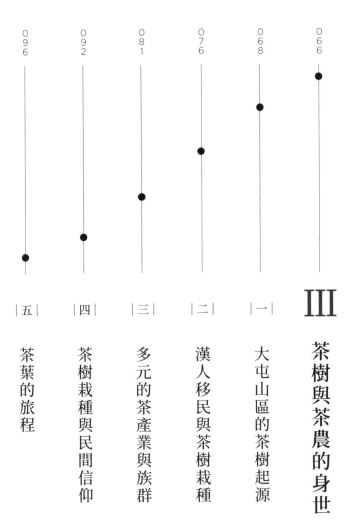

IV 茶業公司與產業發展

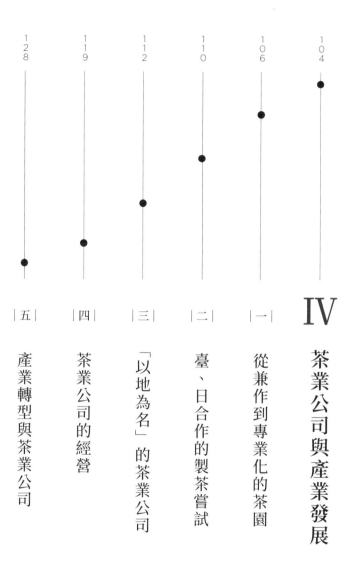

V 茶葉的調查

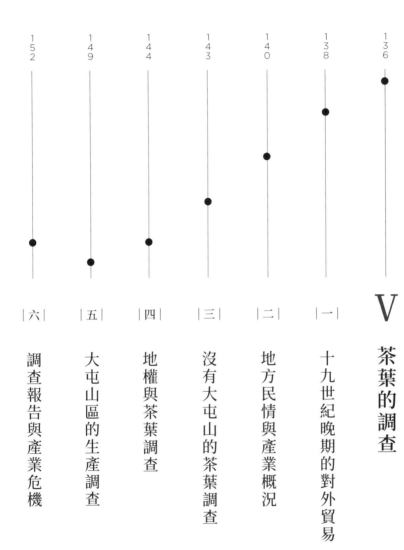

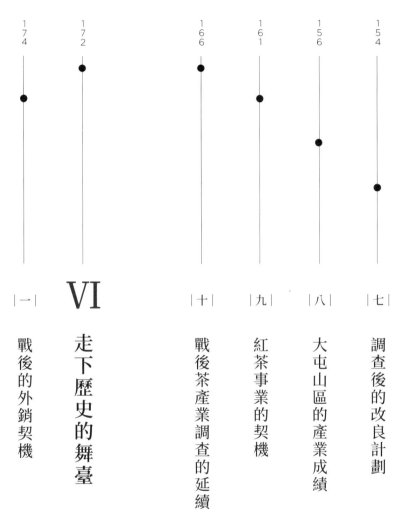

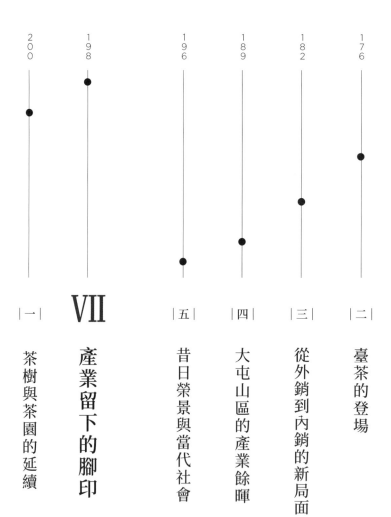

推薦序一

尋訪百年前大屯山區的茶園

陽明山國家公園最迷人之處，就是在蒽鬱茂密的森林中亦流露著一股濃厚的人文氣息。走在山徑步道上，常常會不經意發現一、兩處石砌的駁坎或荒廢的石屋，讓人忍不住駐足猜想，以前是什麼人住在這裡？又怎麼生活？

陽明山國家公園管理處成立以來便持續進行大屯山區的人文歷史調查，從古道、聚落、產業、遺址、建築等各方面發掘前人的足跡。從二〇一八年開始為期二年的陽明山國家公園清代、日治與光復後茶產業史調查，就是在這堅實的基礎上進一步展開的鑽研和細查。若問起臺灣的茶產區，很少人會聯想到陽明山。但種茶、採茶、製茶卻是目前園區內長者最普遍的產業記憶，老一輩的居民常說以前大屯山區到處都是茶園，甚至能為我們吟唱以往採茶隨興創作的褒歌。透過這次茶產業史的研究，我們終於確認，大屯山區的茶早在十九世紀初就有一定的規模，而且和硫磺一樣，曾在臺灣早期的國際貿易中扮演要角，而非僅是聊備一格的地方生計。

能夠得到豐碩的研究成果，很大部分必須歸功於陳志豪助理教授帶領的國立臺灣師範大學臺灣史研究所團隊。他們在極為缺乏直接文

陽明山國家公園管理處不只維護自然景觀，也持續進行人文歷史調查。
（Agathe Xu 繪）

獻記載的情況下，抽絲剝繭、旁敲側擊，甚至還跨海取得藏於美國的檔案記錄，讓大屯山區二百年來的茶產業發展歷史能紮紮實實地重現。參與計劃的學生還自調查過程中得到靈感，創作了本書宣傳音樂錄影帶的主題曲《想．茶》。我們也很榮幸透過這個計劃和行政院農業委員會茶業改良場建立起密切的合作關係；茶改場邱垂豐副場長、胡智益副研究員與其他同仁提供許多有關茶樹品種和栽培的專業知識，更透過DNA檢測為山上的茶樹驗明正身，為歷史溯源建立科學的基礎。同時感謝中央研究院臺灣史研究所陳宗仁副研究員和林文凱副研究員，長期參與計劃審查，大大提昇了研究的深度和廣度。

茶產業史的調查研究讓在地記憶得以保存，和衛城出版社共同出版這本書，則讓記憶得以廣為流傳。陽明山國家公園除了有美不勝收的自然景觀，更有深厚的人文底蘊，值得大家細啜慢飲。

陽明山國家公園管理處處長

曾偉宏

推薦序二

追尋茶樹起源與帶來茶樹的先民

陽明山有產茶嗎？這是閱讀到《草山紅》時萌生的第一個疑問。陽明山原名草山（臺羅拼音：Tsháu-suann），泛指大屯山、七星山、紗帽山、小觀音山這一帶的山區。一九五〇年時任中華民國總統蔣中正居所位於草山，避免被指稱「落草為寇」，遂將原名草山的大屯山、七星山、紗帽山、小觀音山一帶，改名為「陽明山」，以紀念明代思想家王陽明。一九八五年陽明山國家公園正式成立，其範圍以大屯山地帶為主。

臺灣茶業發展至今已有兩百多年歷史，茶亦是日常生活的飲料之一。臺灣栽培的茶樹品種及製造技術，始於早期閩粵先民自大陸攜帶茶樹種籽或茶苗，種植於臺灣北部。漢人約在清乾隆年間逐漸向大屯山群移墾，長期以來發展出茶葉、靛藍及木炭等產業。一八六〇年後淡水開放為通商口岸，臺灣茶葉開始銷往國外；一八六九年英商陶德以「Formosa Oolong Tea」作為商標銷往紐約，吸引許多外商來臺購買，導致茶價大漲。此後輸出茶葉種類依不同時期有所變化，從烏龍茶轉為包種茶，日治時期又變為紅茶、綠茶，最後又轉為包種茶，造就北臺灣茶產業的彈性，能隨市場需求生產不同茶類。直至一九八〇年後臺灣茶產業由北往中南部發展，且從外銷轉內銷，北茶歷經興衰與變革。

陽明山國家公園管理處為了進行大屯山區茶產業的人文歷史，委由國立臺灣師範大學陳志豪教授團隊進行為期兩年（二〇一八—二〇一九年）茶產業現場遺址探勘、耆老口述記錄及梳扒古籍文獻等資料，詳細勾勒出大屯山區百年來茶產業的輪廓，今輯成《草山紅》一書問世，洵為難得，讓後學者對大屯山百年來茶產業發展有所知悉。遊客行走大屯山間，除可體驗著名的芒草景觀、眺望臺北盆地的地景及觀賞大屯火山群的壯闊地形外，品讀隱藏在步道沿線茶產業的人文歷史故事，相信會讓您對大屯山的夕景留下深刻的記憶！

行政院農業委員會茶業改良場
研究員兼副場長
邱垂豐

尋訪雲深不知處的大屯山區茶樹。（Agathe Xu 繪）。

作者序

《草山紅》與公眾史學的嘗試

這幾年，我承接了陽明山國家公園管理處委託的研究案，負責進行今日陽明山地區的茶產業調查工作。《草山紅》這本書，便是改寫我和研究團隊共同合作完成的研究成果，希望能有更多人知道陽明山豐富的歷史與人文環境。

這本書的寫作，奠基於過去的研究成果。所以我希望先向讀者說明這項研究工作的進行過程，特別是先向多位夥伴，表達我對他們最深的謝意：陳冠妃博士協助了多次的田野調查工作，並依照史料建立有關茶產業的運作流程。陳凱雯教授則協助翻譯日治時期的各項史料，才讓本書得以援引過去較少利用的日文史料。兩位學者極其優異的貢獻，乃是這項研究得以進行的關鍵。

國立臺灣師範大學臺灣史研究所的同學們，也為這項研究工作付出許多心力。其中，體力充沛的范皓然，協助深入探訪許多公共交通難以企及的地點，例如那些不易攀爬的古道。研究能力卓越的席名彥，協助整理日治與戰後的統計數據，並注意到日治時期茶業組合的區域特色與戰後茶產業的歷史變遷。思路敏捷的謝宜彊，也協助歷史資料的整理，讓這些資料的脈絡更為清晰。擁有歷史系少見創作能力的林品中，為了茶產業的研究，特別完成《想・茶》這首動人的歌曲。我們追溯歷史時多少希望能體會何謂「發思古之幽情」，在此我極力向讀者們推薦，以《想・茶》這首歌佐《草山紅》這本書，會是非常有趣的歷史體驗。

由於陽明山國家公園管理處希望茶產業的調查成果，能有更進一步的教育推廣效果，於是，便由衛城出版社負責規劃出版工作，將較為厚重的研究，改寫成更易讓公眾了解的出版品。其實，這項改寫工作若是由擅於書寫的專家來進行，相信能讓文字更平易近人，但我自己一方面希望嘗試公眾化的書寫工作，另一方面，也希望能保存過往研究的精采之處，便答應了衛城出版社的邀約，負責擔任《草山紅》這本書的主要作者。

在重新寫作的過程，我除了稍微修正過往的缺漏，重新梳理歷史的脈絡外，我也開始思考「公眾史學」（public history）的實作問題。有關「公眾史學」的討論，國內外已有非常多的專家提出精闢的論點，我雖不是該領域的專家，但受到師友們的啟發，我想自己或許可以進行公眾書寫（public writing）的嘗試。即透過實作的過程，歷史研究與知識如何能以更貼近公眾的文字來呈現，這便是我進行《草山紅》這本書寫作的初衷。

對我來說，《草山紅》的寫作有兩件事或可呼應「公眾史學」這項命題：第一、公眾對認識歷史的需求；第二、研究成果如何轉換成大眾讀物。

首先，每個人感興趣的過往，通常有很大的差異，學者間往往也有自己感興趣的時代。若是如此，公眾史學的一個側面，應是回應公眾想要了解歷史的需求。過往有關陽明山的口述採訪，很常提到種茶的記憶，陽明山上也有很多與茶產業有關的人文景觀，不僅陽明山國家公園管理處有弄清楚記憶與人文景觀的需求，到訪的遊客們，也有對這些景觀的疑惑。《草山紅》這項研究，或許不能完全地回應每個人的提問，但是它可以提供公眾一個認識茶產業歷史的脈絡，讓大家能理解眼前的景觀，背後有著怎樣的歷史過程。

換句話說，《草山紅》是回應公眾了解歷史需求的作品，但這件作品並不是為了考究茶的「沿革」，而是嘗試提供公眾一個認識過去的知識脈絡，讓大家不會只是記得每個景觀的「年份」，而是這些時間數字背後隱含的意義。

其次，公眾讀物應有其多元性。就我的閱讀經驗，目前的歷史普及讀物，多特別強調「有梗」。確實，「有梗」很能抓住新讀者的目光，讓更多人對歷史感到興趣，我個人非常支持這些普及寫作。不過，我認為公眾讀物除了「有梗」，也可以「有料」。所謂的「有料」，我想就是展現如何探求知識的「過程」，講得簡單一點，就是不只告訴你結論，還同時讓你了解這個結論的推演過程。

作為研究者，我並不擅長想出「有梗」的題材，但因為教學的需要，我或許比其他作者更懂得「介紹」研究的推演過程。基於這個想法，我在《草山紅》這本書的寫作中，不特別簡化結果或推出有趣的標題，反而是盡可能在一定的篇幅內，呈現史料內容以及如何將這些內容歸納成重點，然後再從重點得出歷史現象的解釋。我希望能讓讀者們讀到的，不只是你不完全了解的歷史，還有我怎麼推估這些歷史的過程。

我相信這樣的寫作策略，多少會增加閱讀的難度，但我同樣相信，這樣的作品，可以豐富公眾讀物的多元性。就歷史這項知識、學問而言，我想讀者除了想增加對過去的認識外，同時也有初步認識歷史推演過程的需求，這其實也正是臺灣社會尋求歷史共識的基礎。

我希望《草山紅》這本書，能讓今日的讀者們走訪陽明山時，找到更多的趣味，有更深層的旅行體驗。我也希望能和讀者們分享，我在寫作這本書時所思考的「公眾史學」。當然，這本書還有很大的努力空間，但我仍相信在可見的未來裡，會有更多人讓歷史這項知識變得更加有趣，也更有價值。

最後我得再次感謝諸位審查委員以及陽管處的高千雯、衛城出版社的張惠菁、陳怡君，她們作為本書的「初代讀者」，著實花費了不少工夫，才讓《草山紅》能順利出版。

國立臺灣師範大學臺灣史研究所

往後讀者走在處處都是茶業遺跡的山徑上，也能遙想大屯山區的過去。（Agathe Xu 繪）

陳志豪 助理教授

陽明山國家公園管理處第二苗圃舊茶園／里昂紅攝影工作室攝

I

稜線上的茶樹

草山，是陽明山過去的名稱；紅茶，則是大屯山區百年前重要的產物之一。這本名為《草山紅》的書，便是想和讀者們說明陽明山國家公園百年前的人文景觀。大家在踏上旅程前，不妨先了解大屯山區的茶園歷史。

一百五十年前，有位美國商人拍了一張大屯山區的照片，照片裡沒有自然美景，卻有滿山坡的茶園與茶農。這張照片後來登上當時著名的畫報，為大屯山區熱絡的茶產業，留下歷史記錄。直到現在，我們還能於稜線上或步道旁的林木中找到茶樹。這些隨著人群而來的茶樹，在大屯山區的丘陵間住了下來，成為居民記憶的一部分。

有時，記憶往往不易留存。人們腦海中記得的故事與景象，常隨著時間遞減，也不一定有機會透過語言，向素未謀面的朋友說明。

於是，我們著手透過檔案蒐集、調查與研究的進行，寫下大屯山區茶產業發展的足跡，讓久居於此的居民，或者來訪的遊客，都能從歷史的吉光片羽中，見到人文景觀的變化。這便是本書的出版目的。

歷史視線的說明

現在踏上陽明山國家公園時，可以看到許多與自然生態、人文活動有關的告示牌，說明大屯山區有趣的自然與人文景觀。若帶著穿透歷史的視線，沿路繼續觀察這些景觀，我們還會進一步發現，原來路旁的樹叢裡，常藏著幾株茶樹。

這些茶樹，並不是大屯山區的原生植物，它們其實是隨著中國沿海移民遷徙至大屯山區後，才成為山區景觀之一。茶葉，一直是過往臺灣頗具代表性的產物，大屯山區也曾是重要的茶產地，這段歷史其實得追溯到將近兩百年前。在開始追憶這段故事前，我們不妨先看一八七〇年由外國商人所拍攝的大屯山景（圖1－1）。

這張照片帶著我們回到一百五十年前，老照片中的主角，不是今日熟悉的溫泉、硫磺，而是當時滿山遍野的茶園以及辛勞工作的茶農、茶商。為什麼外國商人要拍攝大屯山的茶園呢？

這位商人的名字是愛德華．格里（Edward Greey），十九世紀晚期他來到淡水，因為聽說大屯山區有興盛的茶產業，故特別與同伴上山探查茶園。所以，他拍下的不是自然美景，而是滿滿商機的茶產業景觀。這也意味著，一百五十年前，大屯山區引人注目的，是那日漸興盛的茶產業。

愛德華．格里完成這趟產業調查之行後，寫了一篇茶產業發展的報導，刊登在當時美國有名的畫報《弗蘭克．萊斯利新聞畫報》（*Frank Leslie's Illustrated Newspaper*）。這篇報導提到：**「這些年來，由於許多外來屯墾者注意到這項農產品，於是開始在淡水東方的大屯山腳下種茶，並由臺灣島向外出口。」**[1]這張大屯山區茶園影像，便足以證明當時茶產業的盛況。

當然，愛德華的照片改繪成為圖片後，不免有些失真，但若是細心閱讀影像內容，仍不

1 蘭伯特（Lambert van der Aalsvoort）著、林金源譯，《風中之葉》（*Leaf in the wind*）（臺北：經典雜誌出版社，二〇〇二年），頁一四八—一五〇。

28
FRANK LESLIE'S ILLUSTRATED NEWSPAPER
[SEPTEMBER 23, 1871.
NORTHERN FORMOSA.—TAM-SUI, TEA-GROWING REGION AT THE FOOT OF THE TATUMO VOLCANIC GROUP, EAST OF TAM-SUI.

1-1

圖 1-1　1870 年大屯山地區的茶園與工人

圖片說明：1870 年美國商人愛德華．格里於大屯山拍下的照片，照片中有滿山的茶園，還有在山坡下搭建茶寮、從事茶產業工作的茶農。格里拍完這張照片後便寄回美國，並刊載於畫報上。當時，考量印刷技術、成本與閱讀習慣等，照片多由人工重畫成圖片後付梓出版。因此，現在見到的是畫報中的插圖，但這張插圖其實是依據照片重繪而成的影像。

資 料 來 源：Greey, Edward (Sung-tie). "'Tai-wan' -- Formosa." Frank Leslie's Illustrated Newspaper Vol 33, No. 834 (1871.11.23): 28. 國立臺灣歷史博物館藏。

難想像大屯山區茶園滿布山麓。再仔細看看這張圖片，可以發現茶園前方低矮的屋舍，約比一個成年男子來得高，很可能是茶農摘茶後暫置茶葉的茶寮，茶寮裡面應該堆放了不少的器具。照片中茶園約有半公頃，山腳下共有十三個工作人員，看起來茶園工作相當忙碌，需要不少人力。顯然，百年前的大屯山區，茶樹並非稀見、獨立的存在，而是大量種植在丘陵山坡上的作物。

這張歷史照片，是當時常態性的人文景觀，也是重要的歷史視線。我們希望能說明的，不是一兩張碩果僅存的照片，也不只是一小段關於茶樹的介紹，而是從這類歷史線索中，進一步追尋茶產業的歷史脈絡。所以，這本書想記下來的，並不是產業發展的流水帳，而是說明過去大屯山區茶產業有哪些不同階段的變化與發展，又有哪些人參與其中。歷史上的人文景觀，正是社會脈動的表徵。

寫書的基礎

為了能讓讀者們對這些文獻有更多的了解，這本書將會有關於史料的分析與歷史變遷的說明。這些說明是為了讓讀者們有更宏觀的視野，了解茶產業的歷史意義。

首先，本書對於茶產業史的諸多觀察與說明，係以前輩學者的研究成果為重要基礎，這些研究包括了張德粹[2]、林滿紅[3]、陳慈

2 張德粹、莊維藩，《臺灣茶葉生產與運銷的研究》（臺北：中國農村復興聯合委員會，一九四八年）。

3 林滿紅，《茶、糖、樟腦業與臺灣之社會經濟變遷（1860-1895）》（臺北：聯經，一九九七年再版）。

玉[4]、河原林直人[5]等學者的先行研究。透過這些研究成果（限於篇幅未能一一摘述），可以理解十九世紀以來臺灣茶產業的發展，實深受政策所影響。

前人研究也在史料積累上，有相當顯著的貢獻。特別是許賢瑤[6]、徐英祥[7]等學者的研究及史料編譯工作，或翔實耙梳、翻譯日治時期的文獻，考證產業發展的歷史變遷；或透過自身經驗與訪查，整理茶產業的相關資料，為歷史提供更多佐證。在這些前輩學者的努力下，本書始得展開研究工作。本書未詳述相關研究之貢獻，僅於參考書目中列舉，提供讀者參考，說明本書係立基於前人的研究貢獻，才能深化茶產業史的說明。

其次，在前人的研究成果以外，本書運用過往較少人注意的歷史文獻與田野訪談。其中，有兩項文獻需要說明：一是清代民間的契約文書，二是日本領臺後的調查報告。清代民間的契約文書，多半為民間交易土地產權時留下的憑證，與官方記錄不同的地方，在於這類文書要記錄交易行為，往往更細緻記載實際的經濟活動情形。因此，援引清代的契約文書，有助釐清早期茶產業的發展。

此外，日本領臺後的調查報告，則是目前討論茶產業史最主要的歷史文獻。例如，日本領臺後，臺灣總督府技師藤江勝太郎針對臺北地區提出的茶產業調查報告相當完整、詳細，多為當代學者引用。不過，相對於臺灣總督府的產業調查報告，本書更進一步注意到地方的民情調查，這些調查也揭露了更多過往茶產業的景況。不論是日本領臺初期淡水支廳的報告，抑或大屯山區的保管林租用檔案，皆有不少關於茶產業的歷史訊息。相較於前人研究較常援引的日治時期舊慣或產業調查報告，本書則更進一步利用地方性的調查報告，探討大屯山區與周邊地區的茶產業史。是的，我們打算邀請讀者一同注意這些珍貴的歷史文獻與影像。

4 陳慈玉，《臺北縣茶業發展史》（臺北：臺北縣立文化中心，一九九四年）。

5 河原林直人，〈大正時間臺灣與南洋的經濟關係——南洋華僑與臺灣包種茶〉，《臺灣重層近代化論文集》（臺北：播種者，二〇〇〇年）。

6 許賢瑤，〈臺灣茶樹栽培的起源（上）、（下）〉，《茶訊》八四五、八四六期（二〇〇六年十一月、二〇〇六年十二月），頁二—三、十；同氏著，〈臺茶史略〉，《臺灣史料研究》三十五期（二〇一〇年六月），頁五三—七二；同氏著，〈日本最早的臺灣茶業調查報告〉，《臺灣史料研究》四十一期（二〇一三年六月），頁九五—一〇七；同氏著，《臺灣包種茶論集》（臺北：樂學書局，二〇〇五年）。

7 臺灣區茶輸出業同業公會編，《臺茶輸出百年簡史》（臺北：編者，一九六五年）；徐英祥、許賢瑤，《臺北市茶商業同業公會會史》（臺北市：臺北市茶商業同業公會，二〇〇〇年）。

圖 1-2　陽明山國家公園十八份一帶低緩丘陵過去曾是大屯山主要的茶產區之一，今日仍留有零星的茶園。（陳宏豪攝）

陽明山國家公園管理處第二苗圃舊茶園／里昂紅攝影工作室攝

II

山坡上的茶園

今日大屯山區常有山嵐縷縷飄過眼前，這對旅客們來說，或許有些詩情畫意；但對於一、兩百年前的農人來說，這種氣候景觀提醒他們，這裡適合種植茶樹。

地形與氣候

臺灣北部茶產業的發展興起甚早，約自十八世紀晚期起，便有文獻提及桃園龜山、臺北木柵等地的茶園，顯示淺山丘陵早有種植茶樹的情形。[1] 不論是龜山或木柵，這時的茶園多半還是分布在海拔五百公尺左右，與今日中南部的高山茶型態稍有不同。[2] 約略是十八、十九世紀之交，大屯山區裡海拔高度橫跨兩百到一千一百二十公尺間的丘陵坡地，也因雨量充足，讓茶農可找到適合開發茶園的山坡。

就地形特色來說，今日大屯山與周遭丘陵地區，係火山活動後形成的淺山丘陵與河谷地，整體地勢由東北至西南逐漸降低，形成低緩的丘陵，延伸至沿海及淡水河岸。地質上亦受火山活動影響，以安山岩與火山碎屑岩為土壤母質，質地黏重，土色成紅棕色。氣候上受東北季風影響，終年多雨且雲霧繚繞，氣候較平地潮溼、多雨低溫，故有些地區海拔不高，卻有中海拔植物的生長。[3]

但國家公園內部各區域的雨量又因季風關係稍有不同，其中，東北側地區因受季風影響，平均雨量較高，年雨量接近四千公釐，中央山區如竹子湖一帶，則雨量更豐，約有四千公釐以上。不過，西北與西南側的雨量受到季風影響較低，年雨量僅兩千至兩千五百公釐左右。[4]

2-1

圖 2-1 山間開墾不易，但是百年前農人眼見雲嵐飄過，想到能種下茶樹種子。（Agathe Xu 繪）

1 「乾隆三十八年陳蓮等立杜賣盡根契」，收入〈桃園廳新規登錄地業主權認定方認可ノ件〉，《臺灣總督府及其附屬機構公文類纂》，國史館臺灣文獻館，典藏號 00001825001。

2 許賢瑤，〈臺灣茶樹栽培的起源（上）、（下）〉，《茶訊》八四五、八四六期（二〇〇六年十一月、二〇〇六年十二月），頁二—三、十。

3 馬以工，《陽明山國家公園》（臺北：內政部營建署，一九九〇年）；蔡呈奇主持，《陽明山國家公園全區土壤分析調查》（臺北：陽明山國家公園管理處，二〇〇八年）；陳淑華主持，《陽明山國家公園古氣候之調查》（臺北：陽明山國家公園管理處，二〇一〇年），頁二—五。

4 許立達主持，《陽明山國家公園植被變遷研究》（臺北：陽明山國家公園管理處，二〇〇八年），頁八。

大屯山區不僅是雲霧繚繞、氣候較為潮溼的丘陵地帶，且離港口市鎮（淡水）距離不遠，有商業貿易上的便利性，故適合投入經濟作物的生產。所以，不論是從自然環境或從人文環境的角度來看，大屯山區的丘陵坡地確實適合作為茶樹的種植環境，這個地區不僅符合茶樹生長條件，也有利於後續茶葉的產銷。

清代民間的土地契約，對大屯山區的茶產業發展，提供不少時間戳記。[5]依據當時的契約所載，大屯山區的茶園最晚在十九世紀初期時，已陸續出現於大屯山區西側與東南側的丘陵地帶，即今新北市淡水、三芝區以及臺北市士林區一帶。[6]可見在兩百年前，今日的大屯山區已成為了茶葉產地。

儘管清代土地契約內容，無法說明最初茶農對於自然環境的考量。不過，日本統治初期

5 「乾隆三十八年陳蓮等立杜賣盡根契」，收入〈桃園廳新規登錄地業主權認定方認可ノ件〉，《臺灣總督府及其附屬機構公文類纂》，國史館臺灣文獻館，典藏號 00001825001。

6 「道光十年郭安等仝立杜賣盡根契」，收入〈開墾土地業主權及土地台帳ニ登陸方認可ノ件〉，《臺灣總督府及其附屬機構公文類纂》，國史館臺灣文獻館，典藏號 00000820000。

2-2

圖 2-2 今新北淡水、三芝區丘陵最晚在十九世紀初期已有茶園。圖為 1937 年淡水茶園正在翻地種茶。

資料來源：*Taiwan 1937-1938*（出版及作者不詳），南天書局提供。

的官方調查報告中，留下大屯山一帶土地利用情形的記錄，正好可以回推茶園與自然環境的關係。例如，十九世紀末官方調查淡水、三芝一帶的土地利用與產權時，畫了一張地圖說明當時土地利用的情況。

這張百餘年前的地圖（圖2–3），雖未完整繪出大屯山區的土地利用，但從地圖標示的圖示線索，已經足以了解當時的土地公埔庄、新庄仔庄、小坪頂庄、後厝庄、興福寮庄等處丘陵聚落（淡水、三芝靠近大屯山的聚落），遍布不少茶園。官員也在調查報告中提到[7]：

> 淡水、三芝一帶東臨大屯山，山岳連亙、平地稀少，山間僻地水利缺乏，因為氣候關係，收穫不易。不過，山間茶園頗多，從山腹至山頂皆可進行開墾，且土質十分適合栽培茶樹。

顯然，大屯山區的淡水、三芝一帶丘陵，雖較不適合糧食作物生產，但其土質適合茶樹栽培，且氣候適宜。換言之，農人若投入茶樹栽種，不必特別改造環境，僅需妥善利用丘陵原有的自然條件，便足以從事茶樹栽種與茶葉生產的經濟活動。

今日大屯山區內巴拉卡公路一帶，便是典型早期茶園開發的地理環境。二十世紀初，三芝地區曾有一首漢詩提及：「**百六戛茶種最先，陳盧兩氏着先鞭。**[8]」這句話的意思，是指三芝茶產業最早係陳、盧兩姓居民於「百六戛」種植茶樹。「百六戛」亦即今日的「巴拉卡」，可知巴拉卡公路一帶的山坡，實為大屯山區早期種植茶樹的區域。

「巴拉卡」一帶的地形高度約在八百公尺上下，平均坡度約六%，最初的茶園可能就分布在這樣的丘陵環境。同時，這也說明最初種茶的茶農，實先選擇了大屯山區西側海拔較高的巴拉卡，作為種植的起點。後續隨著茶產業的發展，茶園才逐漸往山腳下蔓延開來，形成了丘陵滿布茶園的人文景象。

一八九七年，有一位美國記者達飛聲（James Wheeler Davidson）曾於書中提及，他從大稻埕住所向外望去，視線所及的山坡地都是茶園。[9] 這段敘述，正是形容大屯山區茶產業的盛況。我們也可以這麼說：十九世紀末美國記者見到的景象，其實是茶農從山坡頂端一路往山腳開闢茶園的歷史過程，這段過程也讓大屯山區成為了臺灣北部重要的茶產地。

歷史影像與文字記錄

僅憑文字的片段描述，恐怕還是很難讓人想像茶園的景象。本書再以一張一八九五年大屯山的茶園照片（圖2–5），向讀者介紹百餘年前大屯山區的丘陵茶園樣貌。這張照片是美國攝影師喬治．普萊斯（George Price）拍攝，照片主題即為大屯山的茶園。這張照片過去尚未被引介，本書幸蒙美國里德學院費德廉（Douglas L. Fix）教授協助，始先取得這批珍貴照片的影像內容。

比起稍早愛德華．格里拍攝的茶園圖像，這張照片以近距離方式拍下大屯山區茶園與採茶婦女的樣貌。這張照片的前方有十位摘茶

7「明治二十八年八月中淡水支廳行政事務及管內概況報告（臺北縣）」，收入〈明治二十八年臺灣總督府公文類纂乙種永久保存第十三卷文書〉，《臺灣總督府及其附屬機構公文類纂》，國史館臺灣文獻館，典藏號：00000024001900301M。

8 三芝庄役場編，《三芝庄要覽》（臺北：同編者，一九三〇年），頁六六—六七。

9 陳政三譯註，達飛聲（James W. Davidson）原著，《福爾摩沙島的過去與現在》（*The Island of Formosa Past and Present*）（臺南：國立臺灣歷史博物館，二〇一四年），頁四六〇。

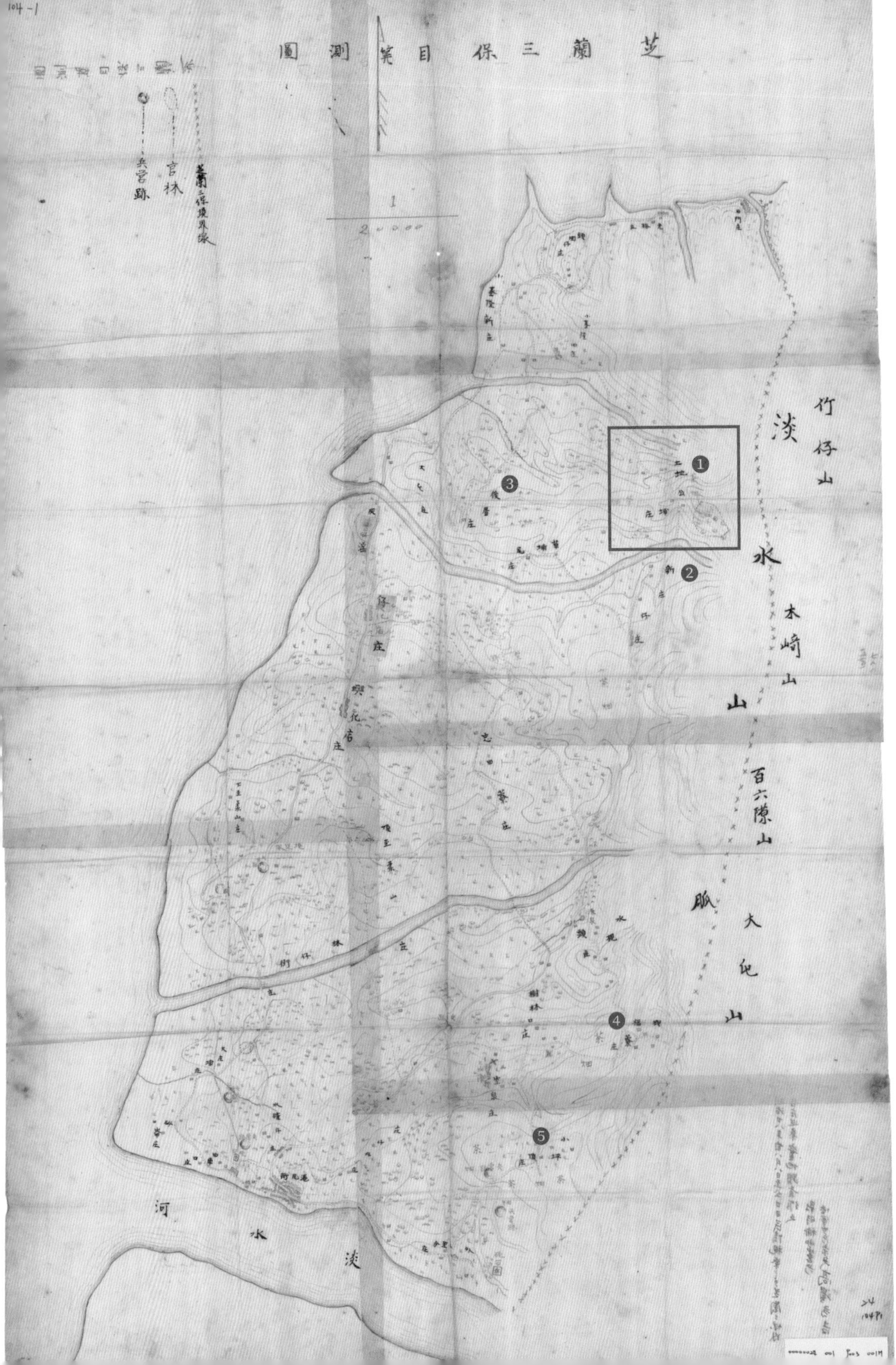

104-1
芝蘭三保箕目測圖
芝蘭三保境界線
官林
兵營跡
竹仔山
淡
水
木崎山
山
百六隙山
脈
大屯山
河
水
淡
1
2
3
4
5

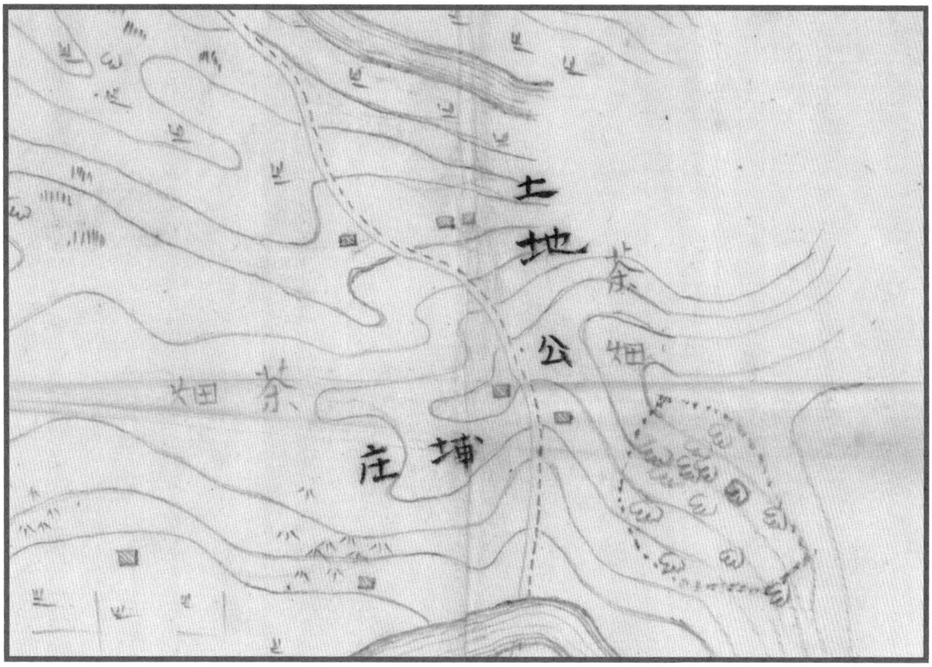

2-4 | 2-3

圖 2-3　二十世紀初淡水、三芝等地的土地利用與茶園分布情形

圖片說明：這張地圖是 1900 年日本當局在大屯山西側調查產權時，初步標示今日淡水、三芝一帶土地利用的情況。根據地圖中的標示可知，淡水、三芝淺山丘陵地區，有不少茶園分布其間，確係當時丘陵上重要的經濟活動。

❶土地公埔庄、❷新庄仔庄、❸後厝庄、❹興福寮庄、❺小坪頂庄

圖 2-4　圖 2-3 之局部放大「土地公埔庄」部分，可看見其上以日文漢字標示「茶畑」，亦即茶的旱田。原地圖圖例指出，旁邊的紅圈為地圖裡的官林。

資料來源：「明治二十八年八月中淡水支廳行政事務及管內概況報告（臺北縣）」，收入〈明治二十八年臺灣總督府公文類纂乙種永久保存第十三卷文書〉，《臺灣總督府及其附屬機構公文類纂》，國史館臺灣文獻館，典藏號：000000240019003001M。

2-5

圖 2-5　1895 年大屯山上的茶園

圖片說明：這是美國攝影師喬治．普萊斯（George Price）於 1895 年拍攝的大屯山區茶園，從照片中不僅可見滿山的茶園，還能清楚見到當時負責摘茶的勞動者，全數都是女性，她們多以頭巾、斗笠作為遮陽，辛勤從事茶園的勞動，成為臺灣茶產業發展過程中不可或缺的重要角色。

資　料　來　源：Price, George Uvedale. Reminiscences of North Formosa. Yokohama [Japan] : *Kelly & Walsh, 1895. Katherine Golden Biting Collection on Gastronomy* (Library of Congress). 本照片原圖由費德廉教授（Douglas L. Fix）提供用於研究，出版時另經國立臺灣美術館國家攝影文化中心提供圖檔及授權使用。

婦女，顯示當時採茶工作者皆為女性；照片主角們背後的山坡地，滿滿的都是茶樹，清楚呈現山坡上的植被，已因茶產業開發而替換成低矮的茶樹，橫亙於丘陵間。

除了利用圖像資料認識丘陵茶園的空間概況，接下來本書將再利用清代土地契約的記錄，輔助說明這些茶園的經營與發展。

目前已知的契約中，最早出現茶園記錄的，是出現在一八三〇年「半天寮」一帶的契約。[10]「半天寮」坐落約在今日新北市三芝區的新華里，即前文提到的巴拉卡一帶沿著一〇一縣道進入大屯山區的路旁。圖2-6這份一八三〇年的契約中，提及「**五股大租歷年陸角，係公茶園抵額，交黃青雲完納**」。這段話的意思，是指該處係由佃農合資，共分五個股份，承租經營這塊土地。這塊土地每年需繳納大租（即租金）六角，約是當時所謂的〇．四三兩白銀。這筆款項係由佃農們共同經營的茶園所得來支付，並由黃青雲負責繳納租金。這段有關大租的記錄，正好就是目前大屯山區最早可見的茶園記錄，讓我們了解早在一八三〇年代便有農戶從事茶產業的經營。

事實上，這個地區在同一時期留下好幾份契約，其中，另一份一八三八年的契約對於茶園有相當生動的記錄，其內容節錄如下：

> 立賣盡根契字人，陳罕觀仝合夥伍股內有置買公山壹所，坐落土名半天寮庄，東西南北四至界址，在上手大契內，公

10「道光十年郭安等仝立杜賣盡根契」，收入〈開墾土地業主權及土地台帳ニ登陸方認可ノ件〉，《臺灣總督府及其附屬機構公文類纂》國史館臺灣文獻館，典藏號 0000820000。

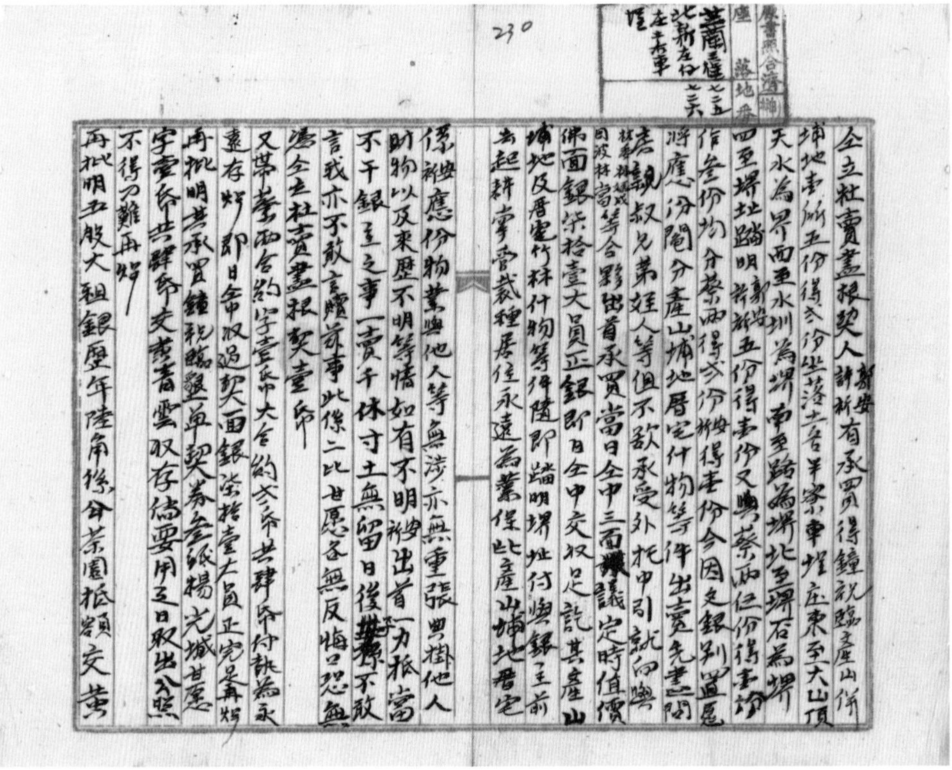

2-6

圖 2-6　半天寮一帶的土地契約

資料來源：「開墾地業主權認定及土地臺帳ニ登錄方認可ノ件（臺北廳、証據書類寫、芝蘭三堡林仔街庄、北投仔庄、水碓仔庄、小基隆舊庄、小八里坌仔庄、土地公埔庄、北新庄仔庄、下圭柔山庄、石門庄、頂圭柔山庄、老梅庄）」（1911-01-14），收入〈明治四十四年臺灣總督府公文類纂永久保存第五十四卷財務〉，《臺灣總督府檔案．總督府公文類纂》，國史館臺灣文獻館，典藏號：00001820001。

2-7

圖 2-7 陽明山國家公園管理處第二苗圃一隅。這裡的高低差並不是天然地形，而是廢置的農業灌溉或排水設施。（里昂紅攝影工作室攝）

> 山埔壹所并大契壹紙，交付黃青雲受管。茶園壹所，抵納大租銀陸角。此公山埔園內外耕作伍大份，拈鬮耕作，東西南北界址踏明伍股，仝立合約字，每份各執約字受存，照鬮耕管。其餘公山貳處，並未有踏明，憑圖、界址耕管，陳罕觀、林委觀仝合夥伍股，鬮內應得壹大份，分作參份，林委觀分出山壹份，陳罕觀應得山埔貳份，貳人仝立合約字貳紙，每人各執約字壹紙存照。[11]

上述引用的契約內容是說明陳罕[12]與人合夥集資，共同購置一處半天寮的山埔，這塊土地的開發有兩部分：（一）茶園，由合夥人們共同經營，每年茶園的收成，可用於支付大租，即向原住民繳納的土地租金。（二）旱田，這部份係按照合夥的股數，共分成五個耕作區域，再由各股的股東們自行經營土地開墾。由此可見，這些栽種茶樹的農人，通常以合股經營的方式，共同經營茶園，但在糧食作物的經營上，則為各股獨立經營。

上述這則記錄顯示，漢人移民從事農業開發的過程中，茶園漸具規模後，不易獨力完成採收工作，所以契約中以「公山」來稱呼他們共同合作經營的茶園所在地。

類似的記載相當常見，例如，一八七八年頂北投詹姓兄弟的分家契約中，提及「**兄弟新開未分公山水田一段在圳腳，併公山栽種茶株，作三房均分。**[13]」這段契約內容，也提及兄弟共有的「公山」，用於栽種茶樹，且由兄弟三人平均分配這處茶園的產權。總之，根據目前可知的清代茶園契約，大屯山區茶農最初多採取合股方式經營茶園，這與水田或旱田的稻米、蔬果等糧食作物可獨力經營的形態稍有差異。日後，隨著茶園經濟價值的提升，茶農在經營與交易上，才漸以個人為主。

額外補充說明一點。大屯山區海拔較高的小油坑等處，因有硫磺，故儘管茶樹可於高海拔處栽種，但大屯山區受到硫磺、地勢的影響，山區內海拔較高的丘陵，反而幾乎沒有茶樹的栽種痕跡。[14]

稻田、茶園與果樹的並行

前述契約記錄除了顯示茶農初以合股方式經營茶園外，也顯示茶園與稻田並行的農業經營型態，這是臺灣北部茶產業發展以來常見的景況：農人常於丘陵地區的平坦處種植稻米；地勢較高之處則種植茶樹，作為農家的副業。

這種茶園與稻田並行的景象，在清代士紳的詩文中留下很清楚的描述。大約在十九世紀中葉，某天新竹士紳林占梅（1821-1868）北上至臺北內湖、文山地區時，寫下一首〈過內湖莊〉的詩，詩中提到：

平隴多栽稻，高園半種茶。溪彎沙岸仄，

11 「道光十八年陳罕觀立賣盡根契」，收入〈開墾地業主權認定及土地臺帳ニ登錄方認可ノ件〉，《臺灣總督府及其附屬機構公文類纂》，國史館臺灣文獻館，典藏號：00001821001。
12 契約中雖載陳罕觀，但「觀」字實為敬稱，類似今日所謂的某某先生。
13 「光緒四年詹盛萬等立鬮書分管合約字」，收入〈開墾地業主權認定及池沼山林原野ヲ開墾地トシテ整理方認可（臺北廳）〉，《臺灣總督府及其附屬機構公文類纂》，國史館臺灣文獻館，典藏號00005716001。
14 詹素娟主持，《大屯山、七星山系硫磺礦業史調查研究》（臺北：陽明山國家公園管理處，二〇〇二年），頁二〇—五〇。

2-9 | 2-8

圖 2-8，2-9 舊時的梯田與溝渠、人類對山林的改造，影響了今天陽明山國家公園的地形地貌。（里昂紅攝影工作室攝）

徑曲竹籬斜。老屋棲深樹，閒門掩落花。
地幽人境隔，耕讀足生涯。[15]

這首詩雖不是描述大屯山區一帶的茶園，卻已清楚說明當時臺北近郊的淺山丘陵，地勢較低之處，開闢為稻田，地勢較高處，則開闢為茶園。

大屯山區茶園與稻田並行的景象，在十九世紀末日本統治當局的調查中，也留下線索。例如，日人在金山一帶調查土地產權時，曾針對七股庄（今八煙一帶）繪製地圖，而這張地圖正好記錄了茶園與稻田並行的農業景觀，如圖2—10。[16]

在這張地圖裡面，繪圖者以紅色圓點構成的三角形狀，作為茶園的圖示，以類似「艹」的符號，來標示水田，這也是目前地圖通用的茶園、水田圖示。仔細檢視兩種圖示的分布，便能見到丘陵溪谷旁的坡地，茶園分布於地勢較高的丘陵，且常與稻田並行而作。[17]由此可見，臺灣北部常見茶園與稻田並行的農業型態，大致也是大屯山區茶產業發展的模式。

為了說明十九世紀以來大屯山區農業並行的現象，接下來本書將列舉多份文字資料，逐一說明過往多元的農業經營模式。

（一）茶園與稻田的並行：關於茶園與稻田的

15 林占梅，《潛園琴餘草簡編》（臺北：臺灣銀行經濟研究室，文叢二〇二種，一九六四年重刊），頁三四。
16 「金包里堡外二堡交界線附近山地ノ實地踏查復命書」，收入〈明治三十三年臨時臺灣土地調查局永久保存第二十五卷監督課〉，《臨時臺灣土地調查局公文類纂及土地調查用各項簿冊》，國史館臺灣文獻館，典藏號：0004218024。
17 同前註。

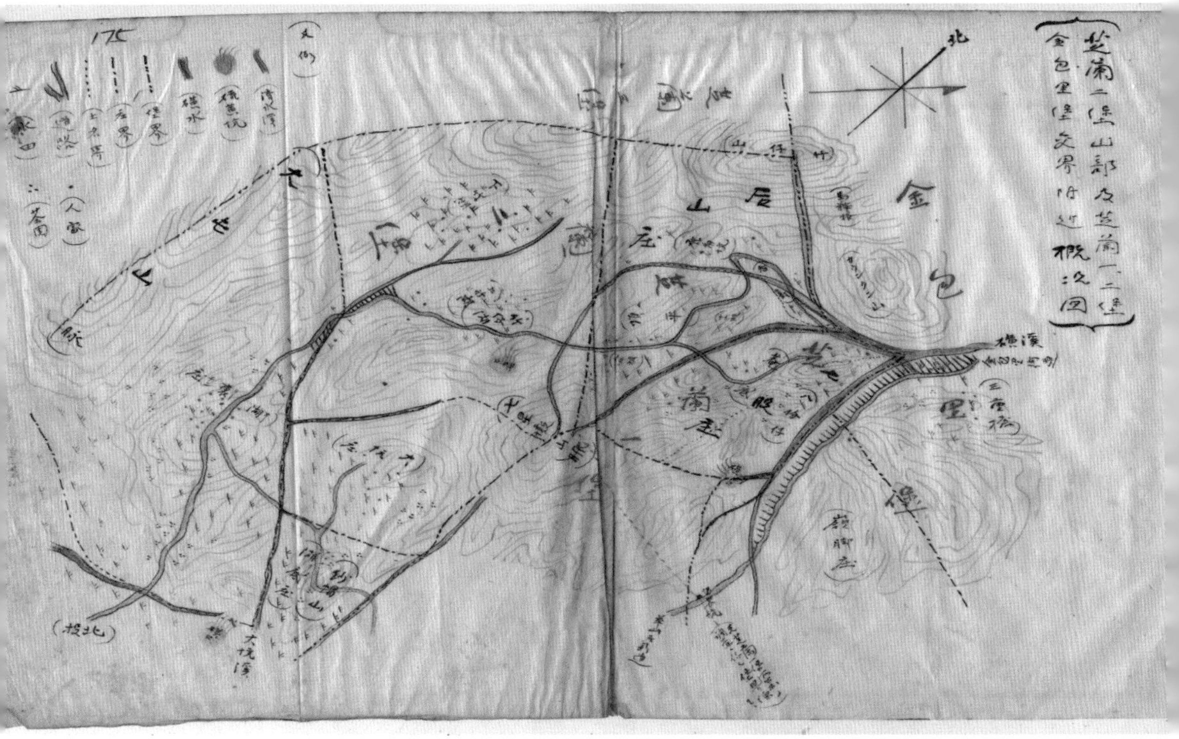

2-10

圖 2-10　金包里、芝蘭一堡、芝蘭二堡交界圖

圖片說明：這張地圖繪製今日八煙一帶土地利用情況，從圖中標示的情況，可知河谷地多有稻田，丘陵坡地上則有茶園，這兩種產業並存於大屯山區。

資料來源：「金包里堡外二堡交界線附近山地ノ實地踏查復命書」，收入〈明治三十三年臨時臺灣土地調查局永久保存第二十五卷監督課〉，《臨時臺灣土地調查局公文類纂及土地調查用各項簿冊》，國史館臺灣文獻館，典藏號：00004218024。

並行，可從今淡水區坪頂里張姓家族分家的記錄進行觀察。張家在一八五七年分產時提到：

「田在小公厝門口外截一坵；又王坵仔田一坵；又水尾大石公頂田二坵……又分得茶園在厝門口大埔，與乃湖毗連半埒；又竹圍外西畔茶園一所……及土地公茶園一段。」[18]

這段記載顯示，張家後代成員分產時，除了分配稻田外，另外又分配茶園的產權，顯示其家族在農墾事業經營上，同時包含水田與茶園。這也顯見十九世紀茶產業發展之初，水田與茶園並行，確實是農家經營的常態。但我們也推測，水田的開墾可能還是早於茶園，隨著茶葉經濟價值的提升，丘陵地區的水田周圍地勢較高處，才開始新闢茶園，作為農家在糧食作物以外的額外收入。換言之，初期在茶園、稻田並行的經營模式下，茶園比較接近農家生產的附屬品，而非最主要的經營項目。

（二）茶園與其他經濟作物的並行：茶園有時也與其他淺山丘陵的經濟作物並行，例如，一八七七年一份三芝區圓山里的契約提到：**「又帶茅屋連牛稠及茶寮共五間，暨稻埕、菜園、茶園、茶欉以及竹木、果子、什物等項。」**[19] 這段記載為當時大屯山區農家豐富、多元的經營型態，留下清楚的記錄，剛好證明茶園與其他作物並行的情形。

在許多訪談或文獻記錄中，也都能找到相同的說法。例如，三芝區的文史專家周正義先生，曾採集到一份一八七〇年的契約，契約即顯示當地的李瑞記、李吉記商號，同時經營大青（印染工藝的染料）與茶葉兩種作物。[20] 淡水區樹興里里長許秋芳先生，也在訪談時提及日治時期聞名的大屯山桶柑，即是栽種於茶園之間，其作用為遮蔽較矮的茶樹，避免日曬過多。當地居民提供的口述說法，剛好證明大屯山區也有經濟作物並行的情形。

不過，二十世紀以後大屯山區除了有茶園與其他作物並行的景象外，也有不少茶園因為產業的變化，改栽種其他經濟作物。一九一八年日人鈴木三彥的調查報告中，指出在大屯山區東南側地區（約今臺北市士林區）一帶，有些農人因果樹經濟價值的增加，故於原本的茶園中，改種桃類果樹。[21]

一九六〇年代開始，今新北市萬里區的山坡地，也從茶園轉作桶柑、番石榴等果樹。[22]丘陵上的人為開發景觀，往往隨著時代與產業的變遷，有並行或轉作的經營型態。可以想見的是，今日大屯山區的坡地，過去有不少的茶園，只是隨時間流逝而有了變化，或成為新的作物栽植之地，或漸漸恢復原始的林野景觀，讓人忘了這裡曾作為茶園的樣貌。

從地圖中「消失」的丘陵茶園

十九世紀以來日漸興盛的茶產業，讓大屯山區出現了許多茶園景觀，此番情景卻無法完整呈現在二十世紀的地圖文獻之中。為了讓

18「咸豐六年張乃檮等仝立分家鬮書」，收入〈開墾地業主權認定及土地臺帳ニ登錄方認可ノ件〉，《臺灣總督府及其附屬機構公文類纂》，國史館臺灣文獻館，典藏號：00001821001。

19「光緒三年蔡進財立杜賣永斷盡根契人」，收入〈開墾地業主權認定及土地臺帳ニ登錄方認可ノ件〉，《臺灣總督府及其附屬機構公文類纂》，國史館臺灣文獻館，典藏號：00001820001。

20周正義，〈三芝：茶葉與青礐的故鄉〉（臺北：臺北縣文化局，年代不詳），折頁。

21鈴木三彥，〈臺北廳下茶業（三）〉，《臺灣之茶業》（一九一八年三月），頁二五。

22薛化元、翁佳音總編纂，《萬里鄉志》（新北：臺北縣萬里鄉公所，一九九七年），頁四二六。

讀者更深入認識山坡上的茶園，我們想要從歷史地圖製作的時空背景，說明地圖無法記載茶園的原因。

我們要談的即是《臺灣堡圖》，這是日本治臺後首次利用近代土地測量技術，繪製臺灣土地利用情況的地圖。[23]就文獻的價值來說，可信度相當高，也是今日廣為學者所利用的重要地圖史料。這份地圖名稱中所謂的「堡」，意思是調查團隊依照清代的行政區劃分名稱「保」，編列分區調查區域的範圍，並於該區設置調查據點，執行調查業務。最後完成調查、測繪的全島地圖稱為《臺灣堡圖》。

今日隨著文獻開放與科技技術的應用，《臺灣堡圖》已得於中央研究院建置的「臺灣歷史百年地圖」等網站上瀏覽、檢索，有許多研究者也多利用《臺灣堡圖》的資訊，考證過往的人文活動與土地利用。不過，這份為人熟知的歷史地圖，其實在大屯山區的繪製上，因為某些政策上的考量，刻意隱藏了海拔約二百五十公尺以上的茶園分布情形。例如，當時在七星山西側「土地公埔」（今新北市三芝）等庄的測繪（圖2-11），並無任何茶園的標示，但從前述列舉文獻中（圖2-3、2-4），已可得知這一帶早在十九世紀已是種植茶園的重要區域。

《臺灣堡圖》實際上是刻意不標示出大屯山區一帶的茶園。我們試著將《臺灣堡圖》中所有茶園的標示面積，重新套入地理資訊系統，繪製新的地圖（圖2-12）後，更可清楚見到大屯山區的茶園不多，且僅標示於低海拔區。但是，這種現象並非是較高海拔的丘陵無茶園的開闢，而是當時日本統治當局進行土地產權調查後，有意將全臺灣的山林地區都納入管制範圍，並於後續的林野政策中，編為國有林地，故刻意忽視丘陵既有的產業活動。

事實上，負責進行調查土地產權的團隊，在一九〇〇年完成了大屯山區的土地調查與地圖，並於調查報告中明白指出大屯山區有多處茶園。其中，有位調查大屯山區的日籍官員四倉峯雄，便清楚在視察報告書中，明白指出七股庄、後山庄、前山庄（竹子湖一帶）都有茶園。[24]草山、雙溪、坪頂、青礐、公館地、永福、東勢（約今士林區青山、平等、公館、溪山、永福、東山里）；石角、石門、老梅（約今石門區乾華、石門、老梅里）等庄，都有茶園分布其間。[25]

但是，一九〇四年由臨時臺灣土地調查局完成的《臺灣堡圖》，對於這些地方都僅只有地形的描繪，未有標示茶園或其他農業開發的圖例。由此可知，大屯山區山坡上的茶園，遠比《臺灣堡圖》標示的數量要來得多，只是由統治當局所繪製的地圖，並未呈現茶園盛況。

讓我們找出「消失」的茶園

《臺灣堡圖》中消失的茶園，是因為日本治臺

23 施添福，《臺灣堡圖：日本治臺的基本圖》，收入《臺灣堡圖》（臺北：遠流出版公司，一九九六年）。

24 「金包里堡外二堡交界線附近山地ノ實地踏查復命書」，收入《臺灣總督府及其附屬機構公文類纂》，國史館臺灣文獻館，典藏號 00004218024。

25 「芝蘭三堡第一派出所調查完結報告」，收入《臺灣總督府及其附屬機構公文類纂》，國史館臺灣文獻館，典藏號 00004220011；「芝蘭三堡第二派出所調查結了報告」，收入《臺灣總督府及其附屬機構公文類纂》，國史館臺灣文獻館，典藏號 00004220012；「金包里堡派出所調查結了報告」，收入《臺灣總督府及其附屬機構公文類纂》，國史館臺灣文獻館，典藏號 00004220013。

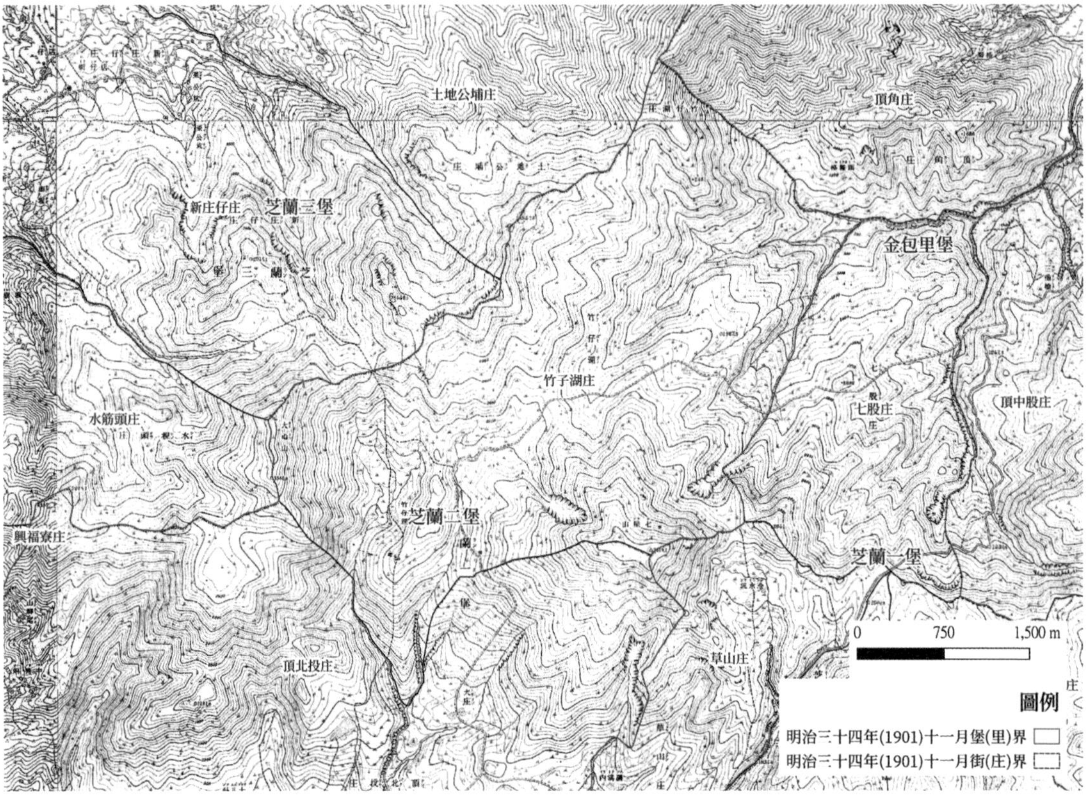

2-11

圖 2-11　二十世紀初期七星山西側的地圖繪製

圖片說明：這張圖是日治時期臨時臺灣土地調查局測繪的《臺灣堡圖》，圖中對於今日竹子湖一帶土地利用情況的標示，幾乎找不到茶園的圖示。但是，臨時臺灣土地調查局最初在這一帶調查時，卻於調查報告中清楚說明圖中的七股、土地公埔有許多茶園。由此可知，《臺灣堡圖》標示的並非實際情況，而是因為山林政策的關係，故未於地圖中標示出的茶園。

資料來源：臨時臺灣土地調查局，《臺灣堡圖》，臺北：臺灣日日新報社，1904 年。

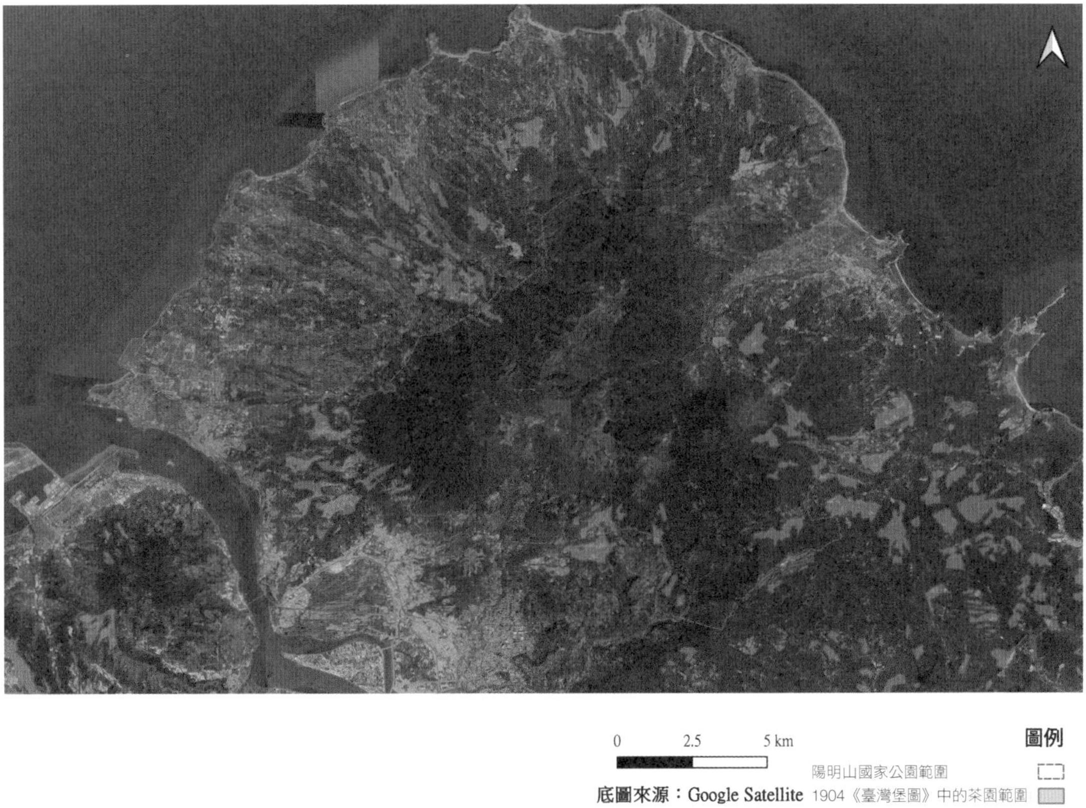

2-12

圖 2-12　1904 年《臺灣堡圖》上標示的茶園在今天地圖上的位置

圖片說明：這張地圖係依據 1904 年《臺灣堡圖》的標示狀況，套繪於今日的衛星空照圖上，便於今日讀者理解。中央較高海拔丘陵雖無標示，但並非沒有茶園，而是在林野政策下被「消失」了。

資料來源：改繪自臨時臺灣土地調查局，《臺灣堡圖》，臺北：臺灣日日新報社，1904 年。

後發布〈官有林野及樟腦製造業取締規則〉，試圖將無土地契約證明所有權的丘陵地，一律視為官方所有。在政策的施行下，大屯山區的丘陵地儘管完成了產權調查，統治當局仍暫時「保留」，不進行土地產權的認定，地圖也就無法標示農業開墾的景觀。因為，在法律上這些山坡地都屬於「無主地」，即國家尚未認定土地所有權的土地，地圖上也只能刻意將土地利用情形留白。

由於日本領臺初期遭遇臺人的反抗，對臺統治始終不穩，故統治當局認為在丘陵地區的產權認定上，若僅以契約或其他文書作為判別所有權的依據，可能會將產生不少爭議與衝突。於是，統治當局雖於二十世紀初期完成部分丘陵地區的土地所有權調查，但仍未進行土地登記，留待後續進行「林野調查」後再行整理。[26]最後，這些在《臺灣堡圖》中未能標示土地利用情況的丘陵，在一九一〇年後「林野調查」的階段，開始大量劃入國家所有，分別以「保管林」、「保安林」等名義控制。[27]

所謂的「保管林」，即國有林地在官方認定不致危害環境下，交由山村居民管理之林地。「保安林」，則是指涉及國土保護的國有林地，亦由官方管控其土地利用。換言之，大屯山區納入保管、保安林範圍後，其山坡地皆歸為國有林地範圍，原先居民所經營的茶園，亦因屬於國有林地，故過往的茶園經營，不為國家直接認可，亦不能「合法」地呈現在地圖上。[28]

這些列入「保管」範圍的山坡地，雖不能為當地農民登記為私人土地，但是統治當局考量當地農民早已長期利用這些區域從事農業開發，雖未承認其地權，仍以所謂的「緣故關係」作為理由，開放農民申請「租用」這些「保管林」、「保安林」。[29]這意味著，儘管地圖中沒有標示出來，這些茶園仍持續由當地農民經營，只是在「林野調查」後需向國家繳交租金，才能繼續使用這些山坡地。

反過來說，要了解山坡上的茶園發展，就必須透過「保管林」的租用情形來推測二十世紀以前的茶園景況。那麼，根據一九一七年統治當局的統計，當時臺北廳（約今臺北市、新北市）的「保管林」面積為全臺最多，顯示大臺北地區淺山丘陵的經濟活動，相當程度受到「保管林」政策的影響。[30]

在大屯山區也有不少丘陵地區被劃入保管林範圍，例如今新北市石門區乾華里、臺北市北投區泉源里、湖田里等地，在日治時期皆有列為「保管林」的記錄。

石門、北投等地的保管林，在二十世紀以來即為農戶租用作為茶園。[31]例如，在新北市

26 李文良，〈日治時期臺灣總督府的林野支配與所有權——以「緣故關係」爲中心〉，《臺灣史研究》五：二期（一九九八年十二月），頁三七。

27 同前註。

28 洪廣冀、張家綸，〈近代環境治理與地方知識：以臺灣的殖民林業為例〉，《臺灣史研究》，二七：二期（二〇二〇年六月），頁八五—一四四。

29 矢內原忠雄著，周憲文譯，《帝國主義下之臺灣》（臺北：帕米爾書店，一九八五年七月），頁一八。

30 累計至大正六年末，臺北廳保管林許可件數有二萬六千五百五十三件，面積共八萬一千五百一十九·七一八五甲，皆為全臺廳別最高者。臺灣總督府民政部殖產局編，《臺灣林業統計（大正七年）》（臺北：臺灣總督府民政部殖產局，一九一八年七月），頁二五。

31 「石門庄練天良外十九件保管林拂下ノ件」，收入《臺灣總督府及其附屬機構公文類纂》，國史館臺灣文獻館，典藏號 00007215001。

三芝區聞人杜聰明（前臺灣大學代理校長、醫學院院長）所著《回憶錄》中，便曾提及杜家從清代以來一直都在淡水山區、竹子湖等地種茶、販賣春茶，顯示竹子湖等確實為茶園產地。[32]杜家種植茶樹的區域，確實也正是「保管林」的範圍。一九二〇年間，杜聰明的長兄杜生財等茶農，便以「緣故關係」為由，向總督府辦理租用竹子湖一帶保管林，而這裡所謂的「緣故關係」，意思就是說，這些區域過往早作為杜生財等農戶的茶園。[33]以下，先將一九二〇年竹子湖保管林的部份租用情形，整理如表2-1。

根據檔案所載，一九二〇年杜生財等人在竹子湖地區租用的「保管林」面積，共計有十二．一六三甲，分別有二十四位申請者租用，這些申請者的住所分別位於三芝車埕、臺北永樂町、建成町等地。不過，表2-1僅列出這些租用地中，項目屬於「原野」的部份，共計〇．八九九甲，占保管林租用面積的七．三九%。即使項目登載為「原野」，其土地的使用推測極可能實為茶園，例如上表中租用保管林的曹佳走，他所租用的「原野」，即緊鄰他自己的茶園。依據一份一九〇〇年的契約顯示，曹佳走曾向蔡通等人，購得竹子湖地號二三一與二三二的土地，這兩個地號非保管林範圍，但契約內容顯示有茶園：

立杜賣盡根山埔地田園契字人蔡通等，有□□遺下鬮書內應得山埔田壹段，址在芝蘭二堡土名北投竹仔湖莊，東至曹□田□透坑為界，西至大屯山分水為界，南至曹家田山為界，北至蔡厘長孫田並透過高家田山為界……年配納番大租粟二貳斗肆升，扣買四成完糧，應納大祖林壹斗肆升四合正……隨將山埔地田園踏明界址，樹木、竹林以及茶欉一概在內，交付買主前去掌管耕作，收租納課，永遠為業。[34]

由於這份契約中的土地為茶園，且緊鄰曹佳走租用的「保管林」，推估此區應有不少茶園，而曹佳走租用的「保管林」，很可能也是作為茶園之用。想來，表2－1中租用保管林的這些農戶，大多是為了在竹子湖一帶經營茶產業，故許多農戶的住所皆位於臺北市永樂町（即大稻埕），那裡便是茶商的聚集地。

同樣的，也有不少茶園受到「保安林」政策的影響，未能於地圖中呈現。[35] 二十世紀後，大屯山區亦有不少林地被統治當局劃為「保安林」，如今日臺北市北投區大屯里的面天坪一帶，過去即屬保安林範圍。根據《面天坪古屋群及周邊地區自然人文景觀考古學之研究》的研究報告，可知面天坪石屋群一帶的舊地主，提及過往曾於此地種植茶樹，但茶園在日治時期曾一度收歸保安林，後來才陸續歸還地籍，成為百姓的地產。由此可

32 杜聰明，《回憶錄》（臺北：杜聰明博士獎學金基金會，一九七三年八月），頁一—二。

33 「三芝庄杜生財外一名保管林拂下名義加入ノ件」，收入〈三芝庄杜生財外一名保管林拂下名義加入ノ件〉，《臺灣總督府及其附屬機構公文類纂》，國史館臺灣文獻館，典藏號 00007216002。

34 「明治三十三年蔡通等立杜賣盡根山埔地田園字」，收入〈臺北廳開墾地業主權認定方認可申請ノ件〉，《臺灣總督府及其附屬機構公文類纂」，國史館臺灣文獻館，典藏號 00005558001。

35 Ts'ui-jung Liu（劉翠溶）and Shi-yung Liu（劉士永），"A Preliminary Study on Taiwan's Forest Reserves in the Japanese Colonial Period: A Legacy of Environmental Conservation", *Taiwan Historical Research* 6:1(1999.06), pp1-34.

表 2-1　1920 年七星郡北投庄竹子湖的保管林租用情形人

申請地號	地目	租用面積（甲）	租用價格（元）	申請者住所	申請者
184-9	原野	0.015	0.58	淡水郡三芝庄 北新莊子字車埕 620 番	杜生財
219-10	原野	0.007	0.39	淡水郡三芝庄 北新莊子字車埕 492 番	陳塗
205-1	原野	0.0105	0.4	淡水郡三芝庄 北新莊子字車埕 242 番	曹丙寅
387	原野	0.0485	1.87	臺北市永樂町五丁目 253 番	曹佳走
355	原野	0.088	3.08	臺北市永樂町五丁目 253 番	曹佳走
77-1	原野	0.3995	6.99	士林庄三角埔字玉潮坑 12 番	何妹仔 何阿獅
154-10	原野	0.0475	1.66	士林庄三角埔字玉潮坑 168 番	高烶國
227-2	原野	0.014	2.94	臺北市永樂町二丁目 58 番	葉老蟾
210-4	原野	0.0225	0.87	臺北市永樂町二丁目 58 番	葉老蟾
246-1	原野	0.007	0.1	臺北市永樂町五丁目 239 番	曹定國
253-2	原野	0.008	0.25	臺北市永樂町五丁目 242 番	曹井
365	原野	0.0185	1.42	臺北市永樂町五丁目 242 番	曹井
250-1	原野	0.0095	2	臺北市永樂町五丁目 242 番	曹井
242-3	原野	0.0325	2.5	臺北市永樂町五丁目 242 番	曹井
368	原野	0.0085	0.3	臺北市永樂町五丁目 242 番	曹井
16-3	原野	0.1845	32.29	臺北市永樂町五丁目 16 番	陳連

資料來源：〈三芝庄杜生財外一名保管林拂下名義加入ノ件〉，收入《臺灣總督府及其附屬機構公文類纂》，國史館臺灣文獻館，典藏號 00007216002。

見，除了保管林以外，面天坪一帶的保安林，過往可能也曾作為茶園之用。[36]

從歷史地圖的分析與討論，大屯山區低海拔的丘陵地區，因地理環境適宜栽種茶樹，故十九世紀漢人移民進入後，便將茶種移植於大屯山區，逐漸開闢茶園。儘管受到政策與歷史文獻的限制，我們不能確切地還原每一處茶園的開發，但是，仍可以合理推估，山坡上茶園分布之廣，不僅遠遠超過歷史地圖的標示，可能也遠遠超過今日所能想像的範圍。

36 顏廷伃，《面天坪古石屋群及周邊地區自然人文景觀考古學調查研究》（臺北：陽明山國家公園管理處，二〇一七年），頁二一。

圖 2-12　在人類活動的遺跡上，又長出了新的植被與樹木。人文與自然的對話，一直持續在陽明山國家公園當中進行著。（里昂紅攝影工作室攝）

雜木林中的茶樹／里昂紅攝影工作室攝

III

茶樹與茶農的身世

大屯山區的茶樹並非臺灣原生種，而是來自中國福建地區。[1]隨著福建移民的遷徙，茶種、茶苗穿越了臺灣海峽，爬上了大屯山區，然後落地生根長成了茂密的茶園，也讓更多移民定居在大屯山區。也就是說，大屯山區茶樹的身世，背後正是移民渡海來臺、落地生根的故事。

大屯山區的茶樹起源

大屯山區茶樹，源於臺灣茶產業貿易的發展，所以得先從茶產業貿易的記錄談起。

一般提起臺灣的茶產業貿易，多半會想起一八六〇年代臺灣開放外國商人通商，故興起了包種茶的貿易活動。但是，大屯山區的茶，最早並非作為外銷品，而是作為臺灣島內茶飲的消費商品。一八三四年，著名的「開臺進士」鄭用錫在《淡水廳志稿》中，便留下一段記載：

> 茶，出太平山、大屯山、南港仔山最盛，年約出十萬餘觔，每觔價銀一錢至三四錢不等，挑運彰、嘉、臺、鳳發售甚多焉。[2]

《淡水廳志稿》係清代官方編修地方歷史的書稿，類似今日官方單位委託進行的縣市志或調查報告，至於書稿的主筆者鄭用錫，是對臺灣相當熟悉的在地士紳，其內容有一定的依據與可信度。由上述記載可知，當時大臺北地區的大屯山（淡水、三芝）、南港仔山（南港、文山區）以及宜蘭地區的太平山等地，早在十九世紀初便是臺灣北部主要的茶葉產地，且茶葉多輸往中南部販售。

當然，有部分茶葉也透過兩岸貿易，銷售到中國大陸。十九世紀初，專攻東亞研究的歐洲學者柯恆儒（Julius Klaproth, 1783-1835），曾於《亞洲回憶錄》（*Mémoires Relatifs à l'Asie*）一書中提及：「（臺灣）茶是綠茶而非紅茶，大量出口到清國，作為草藥來使用。」[3] 儘管這位學者對於茶葉功效的認識，跟今日有些不同，但兩岸之間的茶葉貿易，已可見互通有無的情形，才讓他在回憶錄中記下此事。我們猜想當時兩岸貿易的茶葉，有不少應來自大屯山區，因大屯山區的茶園緊鄰兩岸對渡的重要港口八里坌（當時可能已移至淡水），易於作為出口商品。

那麼，大屯山區的茶樹是從哪裡引進呢？首先，有些研究曾引連橫《臺灣通史》的說法，認為臺灣茶葉的起源，係起於十九世紀初期基隆河流域，大約是今日新北市暖暖、汐止區等地，但這個說法有必要重新釐清。因為，許賢瑤的研究已經詳細說明，連橫是引用日人山田秀雄的調查報告，但日治時期還有其他的調查報告，對於大臺北地區的茶葉起源問題，提供了時間點更早的採訪記錄。[4]

1 十八世紀的文獻指出，臺灣中部地區確有野生山茶，並有採茶記錄，但數量不多，也未移植到北部。關於中部的茶樹記錄，可參見以下這兩份契約：〈乾隆三十八年黃懷春立分墾耕字人〉，收入《清代臺灣大租調查書（二）》（臺北：臺灣銀行經濟研究室，一九六三年），頁三六三—三六四；「乾隆三十八年陳蓮等立杜賣盡根契」，收入〈桃園廳新規登錄地業主權認定方認可ノ件〉，《臺灣總督府及其附屬機構公文類纂》，國史館臺灣文獻館，典藏號 00001825001。

2 鄭用錫輯，《淡水廳志稿》卷二，（南投：臺灣省文獻會，一九九八年），頁一五二。

3 原文為：「Le thé est vert et non pas noir ; on en exporte une grande quantité en Chine, où l'on s'en sert comme d'un médicament.」出自 Julius von Klaproth, *Mémoires Relatifs à l'Asie* (Paris: Dondey-Dupré, 1824)，頁三三七。達飛聲（J. W. Davidson）亦曾引用這份文獻追溯臺灣茶業的起源。見陳政三譯註，達飛聲原著，《福爾摩沙島的過去與現在》（*The Island of Formosa Past and Present*）（臺南：國立臺灣歷史博物館，二〇一四年），頁四五五，原著註三。此文獻係陳冠妃整理所得。

4 山田秀雄，〈臺北宜蘭兩廳下の一部茶業に就て〉，《臺灣商工月報》六九號（一九一五年二月），頁一七。

3-1

圖 3-1　今臺北市平等里內寮茶園仍保留傳統蒔茶品種（即利用種子繁殖）的茶園。（里昂紅攝影工作室攝）

為了進一步說明日治時期大臺北地區茶樹起源，我們列舉以下兩份資料：

（一）一八九八年藤江勝太郎的調查報告。這份報告提到十八、十九世紀之際[5]，屈尺庄（今新北市新店）就有張某自中國大陸帶回茶種，開始種植茶樹。一八五六年左右，文山堡的十五份庄（今臺北市辛亥國小附近）、深坑街農家，亦曾自福建武夷山及北溪地方帶回茶苗栽種。[6]這份報告也提及，臺北各地的茶樹皆利用茶籽栽培，故茶苗的源頭並不一致。

（二）一九二五年的《臺灣茶業志》。這本專書中的茶樹起源記錄，提到臺北地區有兩地較早種植茶樹，一是今新北市新店區（大坪林），該地於一七三三年有居民王感從淡水購入茶苗，開始種植茶樹。二是今臺北市士林、北投區，於一七八〇年便由林道、陳促、蘇瀨、吳寬、王根、魏褚、高月、詹耘等人，自中國攜來蒔茶種子，在三角窟（三角埔，今士林區社子里）、紅樟湖（玉潮湖，今士林區芝山里）以及頂北投（今北投區湖山里）、南港大坑等地開墾林地，栽種茶樹。[7]

上述兩則資料顯示，大臺北地區最晚在十八世紀晚期，便有茶樹栽種情形，且茶籽皆來

5 藤江的調查報告雖稱百年前，但卻又註明為道光九年。由於藤江並不熟悉清朝紀年，故整份報告雖以清朝年份來標示，往往卻與文中所指年代有落差，本文認為或暫以文中標示的年代，推算回去較佳。

6 「臺北、新竹、臺中三縣茶業取調技手藤江勝太郎復命書」，收入〈明治三十一年永久保存追加第十卷〉，《臺灣總督府及其附屬機構公文類纂》，國史館臺灣文獻館，典藏號：00000324018。

7 許賢瑤，〈臺灣茶樹栽培的起源（上）、（下）〉，《茶訊》八四五、八四六期（二〇〇六年十一月、二〇〇六年十二月），頁二—三、一〇。

自中國福建地區。其中，《臺灣茶業志》對於士林、北投茶樹栽種的說明，更指出大屯山區的茶樹栽種甚早，且大屯山區的茶樹多屬「蒔茶」。即以茶樹開花後的茶籽種植，因授粉來源不定，故茶籽長成的茶樹與母株有差異。

關於茶葉品種的部分，依據一九一八年臺北茶商公會委託鈴木三彥的調查顯示，大屯山區的茶種主要是牛埔種（約占五十%）、蒔茶種（約占四十%）、青心種（七%）、紅心種（三%）。其中，牛埔種的產量最多，價格也比蒔茶種來得高，當時種得最多；青心、紅心產量雖少，但品種較佳。[8]由此可見，大屯山區的茶產業早期雖以蒔茶為主，但二十世紀後茶農已開始改種植其他品種。

此外，幾年前，竹子湖的居民曾在今日中央廣播電臺基地臺附近，找到一棵茶樹獨立存活於岩石上許多年。這棵茶樹經專業鑑定後，據說品種與今日臺灣常見的茶樹品種相異，反而比較接近福建武夷山的茶樹，推測可能是福建安溪的移民移居臺灣後，帶來種植於今日陽明山國家公園一帶。[9]二〇一九年，我們在朱清楠、胡火煉兩位先生協助下，特別於今日臺北市士林區平等里、新北市三芝區圓山里兩地採集數株近百年的老茶樹作為樣本，並由行政院農業委員會茶業改良場邱垂豐副場長及胡智益博士等人協助，以簡單重複序列分子（SSR）鑑定技術進行檢測。經過檢測後，我們可以確認大屯山區的老茶樹均係以茶籽繁殖，這些老茶樹的茶種

8 鈴木三彥，〈臺北廳下茶業（三）〉，《臺灣之茶業》（一九一八年三月），頁二四。

9 高月妥，〈蓬萊米古道知多少：說那個產出第一顆蓬萊米粒的小小山谷〉，《磯小屋米報（電子報）》，第十九期（二〇一六年十二月二十日）。網址：https://epaper.ntu.edu.tw/view.php?listid=236&id=25384。

3-3 | 3-2

圖 3-2、3-3　三芝區圓山里與士林區平等里受檢測的老茶樹

圖片說明：圓山里、平等里至今仍有幾株近百年的老茶樹，老茶樹多隱身於山林間，一般遊客不易察覺，而這些茶樹，則為大屯山區茶產業的百年榮景，留下最好的見證。

資料來源：邱垂豐、胡智益，〈陽明山茶樹種原分析報告〉，行政院農委會茶業改良場提供，2019 年。

係與中國安溪的「奇蘭種」同源。根據邱垂豐副場長提供的資料顯示，「奇蘭」是源於中國福建安溪的茶種，廣泛種植於武夷山等地。由此可知大屯山區的老茶樹，應多與福建移民（特別是安溪移民）及福建的茶種有關。此外，茶籽繁殖方式，也反映大屯山地區的茶農仍保有十九世紀茶農混種的栽培模式。亦即十九世紀以來的「蒔茶」種植，至今仍可於大屯山區找到歷史的痕跡。[10]

大屯山茶樹的身世起源，應是十八世紀晚期中國福建地區移民，帶著茶籽跨越臺灣海峽以後，進入大屯山區種植的茶樹，惟其品種應相當多元，並非由特定品種擴散開來。更重要的是，這些來自各地的茶籽，隨著移

10 邱垂豐、胡智益，〈陽明山茶樹種原分析報告〉，行政院農委會茶業改良場提供，二〇一九年。

3-5 | 3-4

圖 3-4，3-5 日治初期的大屯山區茶業調查報告中就有奇蘭（枝蘭）種、蒔茶（時茶）種的茶葉形狀手繪圖

資料來源：「臺北縣擺接堡茶業調查報告」，收入〈明治二十九年臺灣總督府公文類纂十五年保存第十一卷殖產〉，《臺灣總督府檔案．總督府公文類纂》，國史館臺灣文獻館，典藏號：00004508021。

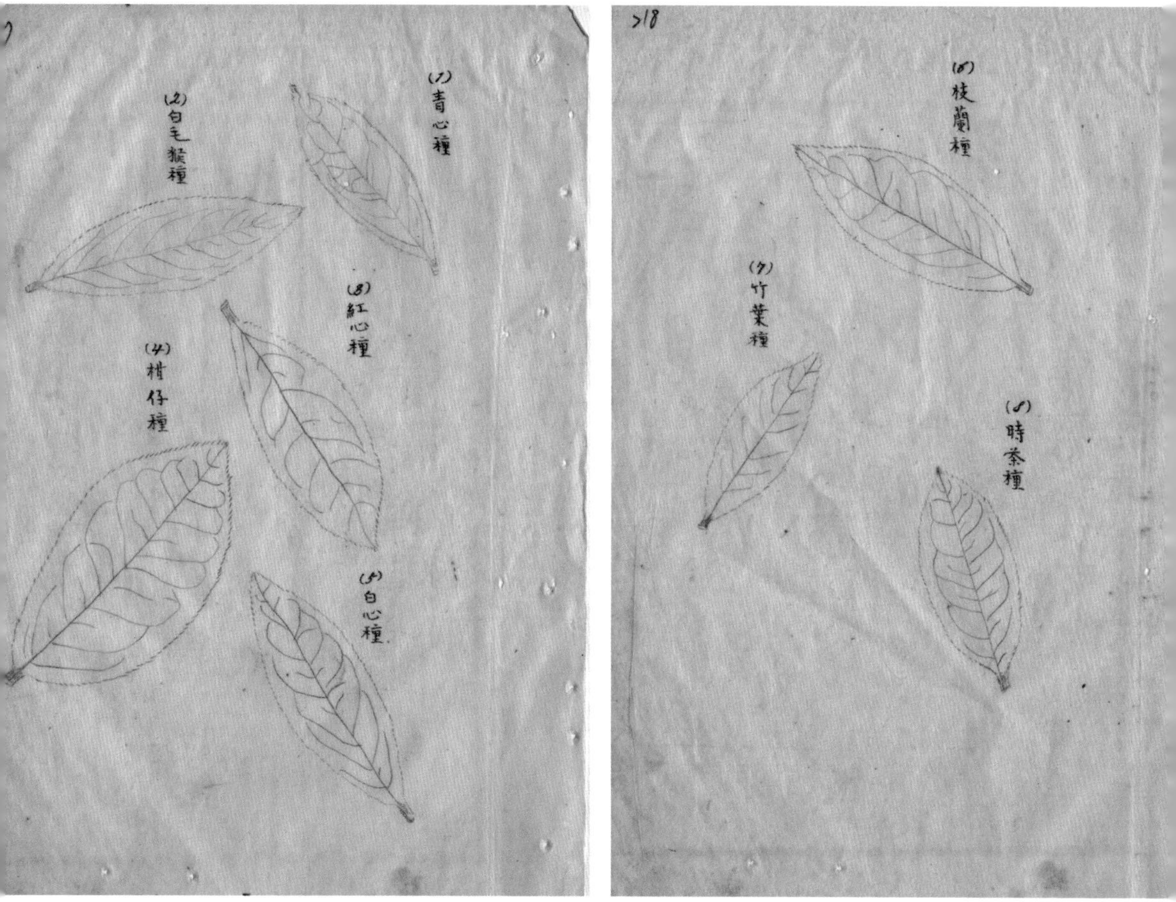
(1)青心種
(2)白毛猴種
(3)紅心種
(4)柑仔種
(5)白心種
218
(6)枝蘭種
(7)竹葉種
(8)時茶種

民定居大屯山區的過程，成為這一帶茶樹的初代祖先，而這些茶樹後來的發展，也像來臺的移民一樣，隨著不同時期的政治、經濟變遷，逐漸長成了各種不同的模樣。有些茶樹孤立於岩石上，漸為人所遺忘；也有些茶樹，受到數代茶農的細心照料，至今仍於大屯山區開枝散葉，昂然立於丘陵之間。

漢人移民與茶樹栽種

最初將茶樹引進大屯山區種植的移民，可能來自中國福建的安溪縣。福建安溪十八世紀中葉後，便開始製作著名的半發酵茶——「鐵觀音」，這類半發酵茶在當時深受歡迎。日後，臺灣北部盛行的包種茶，多在安溪人的推動下，經營這類半發酵茶。其中，一八九八年藤江勝太郎的調查報告中，便明白提及福建移民與臺灣北部包種茶的發展。

3-6

圖 3-6 日人調查的臺北包種茶歷史

圖片說明：這份包種茶的起源記錄，說明臺灣包種茶在「開港通商」前已由安溪人引進，「開港通商」以後又由同安茶商引入新的製茶技術，使得茶產業大為興盛。

資料來源：「包種茶調查報告」，收入〈明治二十九年臺灣總督府公文類纂十五年保存第十一卷殖產〉，《臺灣總督府檔案．總督府公文類纂》，國史館臺灣文獻館，典藏號：00004508020。

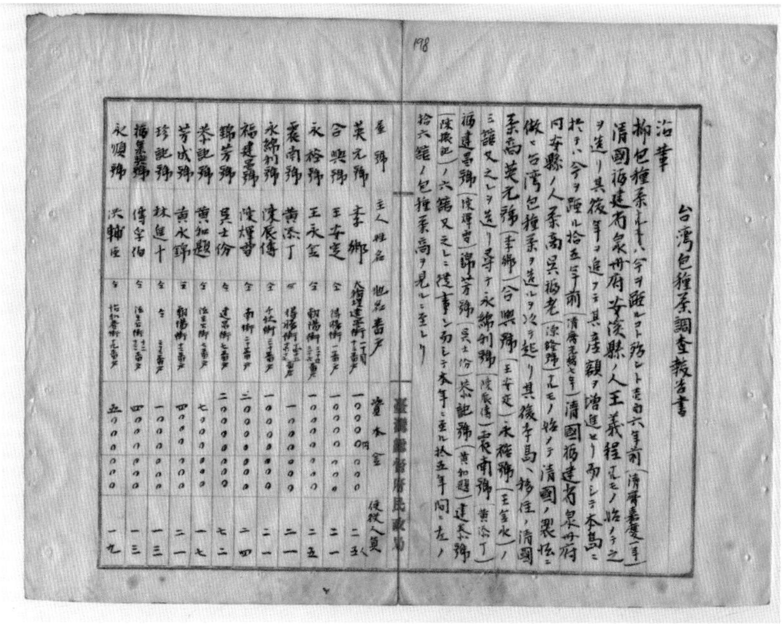

台湾包種茶調査報告書

沿革

抑包種茶ナルモノハ今ヲ距ルコト殆ント壹百六年前(清暦嘉慶一年)清國福建省泉州府安溪縣ノ人王義程ナルモノ始メテ之ヲ造リ其後年ヲ逐フテ其産額ヲ増進セリ而シテ本島ニ於テハ今ヲ距ル拾五年前(清暦光緒七年)清國福建省泉州府同安縣ノ人茶商呉福老(源隆號)ナルモノ始メテ清國ノ製法ニ倣ヒ台湾包種茶ヲ造ルヲ以テ起リ其後本島ヘ移住ノ清國茶商英元號(李鄉)合興號(王安定)永裕號(王金水)ノ三館又之レヲ造リ尋テ永綿利號(陳辰傳)震南號(黄添丁)福建昌號(陳輝幸)錦芳號(呉士份)茶記號(黄知題)建泰號(陳振記)ノ六館又之レニ從事シ而シテ本年ニ至ル五年間ニ左ノ拾六館ノ包種茶商ヲ見ルニ至レリ

屋號	主人姓名	地名番戸	資本金	使役人員
英元號	李鄉	大稻埕建昌街一丁目[illegible]番戸	一〇〇〇〇圓〇〇〇	二五人
合興號	王安定	仝 [illegible]街一番戸	一〇〇〇〇〇〇〇	二一
永裕號	王金水	仝 朝陽街[illegible]番戸	一〇〇〇〇〇〇〇	二五
震南號	黄添丁	仝 [illegible]番戸	一〇〇〇〇〇〇	二一
永綿利號	陳辰傳	仝 [illegible]街三番戸	一〇〇〇〇〇〇〇	二一
福建昌號	陳輝幸	仝 南街二番戸	二〇〇〇〇〇〇〇	二四
錦芳號	呉士份	仝 建昌街七番戸	二〇〇〇〇〇〇〇	七二
茶記號	黄知題	仝 [illegible]番戸	七〇〇〇〇〇〇	一七
芳成號	黄永錦	仝 朝陽街[illegible]番戸	四〇〇〇〇〇〇	二一
珍記號	林進十	仝 仝 [illegible]番戸	一〇〇〇〇〇〇	一三
福集興號	傳宰伯	仝 [illegible]番戸	四〇〇〇〇〇〇	一三
永順號	洪輔臣	仝 [illegible]番戸	五〇〇〇〇〇〇	一九

臺灣總督府民政局

【中譯】：包種茶距今約一百零六年前（清嘉慶一年）清國福建省泉州府安溪縣人王義呈開始從事，進而增進產額，而本島是距今十五年前（清光緒七年）清國福建省泉州府同安縣人茶商吳福老（源隆號）開始以清國製法製作臺灣包種茶，其後往本島移住的清國茶商英元號（李鄉）、合興號（王安定）、永裕號（王金水）三館從事製造，接著永綿利號（陳傳）、震南號（黃添丁）、福建昌號（陳輝智）、錦芳號（吳士份）、茶記號（黃和題）、建条號（陳振記）之六館從事，至本年時五年間有以下十六館的包種茶商。

上述報告內容明確指出，最早在臺灣生產包種茶的人，是十八世紀末福建安溪的移民王義呈；至於包種茶製茶技術的變化，則是一八八二年同安縣的茶商，從中國帶來了新的製茶方式，成為臺灣包種茶的主流技術，並讓包種茶的產量日漸增加。我們可以進一步歸納出兩個重點：第一，臺灣茶產業源於安溪移民。第二，十九世紀晚期臺灣包種茶技術改良源於同安茶商。接下來，我們再利用文獻與口述記錄，針對這兩點進行說明。

（一）茶產業與安溪移民：前述有關大屯山區茶產業發展，曾引用一八四八年《淡水廳志稿》的記錄，說明臺灣北部茶葉的產區以大屯山、太平山等地為主，即今臺北、宜蘭一帶。那麼，有關臺北、宜蘭一帶茶產業與安溪移民的關係，則於一八三七年的《噶瑪蘭志略》可以找到一則線索：

> 自蘭城至艋舺一百二十五里，凡所經過內山，素無生番出沒，一概做料、煮栳、打鹿、抽藤之家。而大溪、大坪、雙溪頭一帶，皆有寮屋、民居，可資栖息，故安溪茶販往往由此。中有溪流數處，深廣四、五尺許，須造橋樑。[11]

上述文字描述清代臺北往宜蘭的道路，除了說明路線，同時提及沿路的產業活動，並指出安溪茶商正是利用此一道路，由臺北萬華深入宜蘭地區去收購茶葉。

從這段文獻來看，我們不難想像，十九世紀初期安溪移民穿梭於宜蘭、臺北之間，使得臺灣北部茶產業漸具規模的景象。同樣的，既然清代臺北萬華的安溪茶商，曾為了茶產業的發展而遠赴宜蘭，更接近臺北且為重要茶產區之一的大屯山，十九世紀中葉前，此處很可能也是安溪茶商的事業範圍。

根據清代方志與日治時期調查報告所述，安溪茶商是臺灣北部茶產業發展的重要推手，在大屯山區，我們也能找到安溪移民與茶產業經營的相關記錄。

例如，我們在大屯山地區找到的老茶樹，茶種與安溪的奇蘭種有關，顯示早期的茶苗應來自於安溪。根據現有的研究，臺北地區來自安溪的高姓宗族，自清代以來便從事茶產業的經營，且活動足跡亦遍及大屯山區。高月妥的訪問記錄，也清楚說明高家早年在七星山一帶種植茶樹。[12]

不僅高家在大屯山區種茶，根據一九九七年臺北市湖山里的耆老座談會記錄，湖底地區安溪籍的詹、吳、許姓耆老，皆表明祖先在安溪原鄉為茶農，後來帶著茶種與技術遷徙至紗帽山，繼續種茶為業，直到一九六○年才改種柑橘。[13]同樣的記憶，我們在士林區平等里採訪朱清楠先生時，他也提到自身係安溪移民，祖先從清代以來便於當地種茶為業。[14]

11 李瑞宗，《陽明山國家公園原住民史蹟調查與耆老口述歷史記錄》（臺北：陽明山國家公園管理處，一九九七年）。

12 高月妥，〈蓬萊米古道知多少：說那個產出第一顆蓬萊米粒的小小山谷〉，《磯小屋米報（電子報）》，第十九期（二○一六年十二月二十日）。網址：https://epaper.ntu.edu.tw/view.php?listid=236&id=25384

13 柯培元纂修，《噶瑪蘭志略》，卷十四（臺北：臺灣銀行，一九六一年），頁一九七。《噶瑪蘭志略》係道光年間採集修纂，成書於咸豐二年（一八五二年）。

14 朱清楠先生訪談記錄。

對照文獻記錄、茶種來源，以及大屯山區耆老口述記錄，我們可以推斷，安溪移民應是大屯山區茶產業發展的推手，此後隨著茶產業的興盛，不僅參與茶產業的族群更加多元，茶種也隨著各時期的技術改良，有了更多元的面貌。

（二）包種茶技術改良與同安茶商：藤江勝太郎的報告，指出了臺灣包種茶製程的改良，來自於十九世紀晚期的同安茶商。藤江勝太郎雖係日本官員，但本身是研究茶葉改良的專業技師，日本領臺以前便曾來臺灣考察包種茶的製茶技術。[15]因此，儘管今日有些說法強調英商陶德引入茶種、改良技術，才讓臺灣茶產業大為興盛，但從藤江的調查來看，當時茶農恐怕多認為中國茶商、技師對於技術改良、產業發展的影響更為顯著。

不過，正如同臺灣茶樹的身世相當多元，十九世紀晚期臺灣茶產業的技術改良，可能也有相當多元的面向。楊漢龍，這位出身士林且曾擔任農會「助手」（秘書）的前輩，曾於一九一六年撰寫〈臺北廳下の製茶業〉一文（圖3-7），說明今日臺北市士林區菁山里一帶茶產業的改良歷史。

楊漢龍的文章指出，一八六〇年代石角庄（今臺北市天母、芝山岩東側淺丘地區）的楊石頭、杜鴻，及士林街張龍、楊蟬等人，學習基隆大武崙庄的栽培及製茶法，並由深坑移植種苗。接著，他又提到一八七〇年代菁礐庄（今臺北市士林區菁山里）的李元成，曾移植軟枝種茶樹，廣植於內寮、大坪尾（今臺北市士林區）等地。[16]由此可見，十九世紀大屯山區茶產業的發展過程中，各處茶農應係陸續引入不同茶種及技術。因此，同安茶商或如藤江勝太郎所說，在十九世紀晚期扮演製茶技術改革的主事者，但此時各地的製茶技術，可能與茶樹品種一樣，都有相當多元、複雜的變化過程，留下的歷史故事或口述記憶，自然也不盡相同。

正因為大屯山區茶產業發展的過程，有相當多元的歷史背景，因此要關注大屯山區茶產業的歷史，就得注意到此區域不同移民，同樣投入茶產業經營的歷史。

多元的茶產業與族群

臺灣北部茶產業的興起，雖與安溪籍移民有關，但產業發展過程中，投入茶產業經營的族群並不僅限於安溪籍的移民，還包括其他不同祖籍，甚至是不同族群的移民。

為了說明參與大屯山區茶產業發展的各個族群，本書首先利用一九〇二年日本殖民政府的人口調查資料，作為討論的依據。這份調查資料的製作時間較早，有關人口數據的精確性，容或有些疑義，但因其統計係以自然聚落為最小單位，故仍有助於說明十九世紀以來大屯山區各聚落的族群結構。又，這份人口資料大致是依照清代地方行政編制的「堡／庄」為基礎，記錄各處堡與庄的人口，而這裡所謂的「堡」，大約是今日鄉鎮或區的行政範圍；所謂的「庄」則接近今日的里。

大屯山區在當時「堡」的行政區劃下，分屬芝蘭一堡、芝蘭三堡與金包里堡。若比對今

15 許賢瑤，〈日本最早的臺灣茶業調查報告〉，《臺灣史料研究》四十一期（二〇一三年六月），頁九五—一〇七。

16 楊漢龍，〈臺北廳下の製茶業〉，《臺灣農事報》第一一一期（一九一六年二月），頁五一—五二。

調査

臺北廳下の製茶業

揚漢龍

一　沿革

臺北廳下の茶業に關する來歷は地方に依り多少の差異あるものにして、古老に就き調査したる處によれば、基隆支廳下鰈魚坑庄附近に於ては今より約百年前より栽培を試みたるも、其の盛況を見るに至りたるは僅かに四、五十年前なりとす。又文山堡一帶の地方に於ては茶業は古き歷史を有し現今年々五十萬斤內外の粗製茶を產し製茶戶數三千に近く、樹林口區に於ける茶樹栽培は之れより分布せられたるものなるが如し。而して昔時茶は壹圓に付四十匁替の高價を以て販賣せられ宜蘭地方又は往路八日間を要する臺南方面へ搬出販賣せられたりしが今より四十年前基隆、淡水及大稻埕等に洋行の開店せられし以來、多く茶販仔なる茶仲買人を經て此等洋行に販賣するに至りたるものにして、其後各地洋行は多く大稻埕へ轉住せり。而して本島人の大稻埕其他地方に於て茶舘及茶棧を設置せしは今より三十年前にして、其數百數十の多きに達したるを以て、其後生產せる茶は亦茶販仔を經て此等本島商人に販賣することゝなり、其の價格は現今に比し七、八倍の高價なるにも拘はらず洋人は競ふて茶舘より更に之を買收せりと云ふ。今より三、四十年前臺北に於ける粗製茶の價格は左表の如し。

種別	百斤價格 上茶	百斤價格 中茶	百斤價格 下茶
春茶	一六〇圓	九〇圓	五〇圓
夏茶	一四〇	七〇	四〇
秋茶	八〇	五〇	三〇
冬茶	一〇〇	八〇	六〇

尙は地方別に栽培の起源を概論せん。

士林支廳下坪頂庄方面　坪頂庄は草山庄と相隣接し菁礐庄は其間に介在し、草山庄の西隣に永福庄あり。此等地方は之を北山と總稱す。而して各地の氣候は夫々多少の差別あり。永福庄は士林街と略は同しきも草山庄は永福庄より氣溫稍々低く坪頂及菁礐二庄は草山庄より更に稍々低しと云ふ。從來此等各地に於ける產茶の價格は永福庄產にして百斤に付拾四圓なるときは草山及菁礐庄產のものは拾六圓、坪頂庄產のものは貳拾圓なるべしと云ふ。之れ全く色澤及香氣の良否に依りたる結果なり。然るに其後奸策を弄する茶販仔は前記各地の產茶の相混じたるものを坪頂茶と僞稱して再製茶業者なる茶舘に賣付けて以來、坪頂茶は固有の特性を失ふことゝなりたるを以て、現今に於ては各庄產茶とも同一の價格を以て賣買し居ると云ふ。

以上中坪頂庄に於ては今より四十年前菁礐庄土名大庄、李元成なるもの軟枝種の種子及種苗を持來りて植付けたるを嚆矢とし坪頂庄土名大坪尾には廣濶なる舊茶作地の今や荒蕪地となれるものあり。

3-7

圖 3-7　日治時期楊漢龍所寫的臺北製茶業

圖片說明：這份製茶沿革係由士林農會的秘書楊漢龍所寫，是日治時期少數由臺灣人完成的調查報告，在報告中他也深入採集了當地茶農的說法，故其記錄相當值得重視。

資料來源：楊漢龍，〈臺北廳下の製茶業〉，《臺灣農事報》第 111 期（1916 年 2 月），頁 51，中央研究院臺灣史研究所檔案館典藏。

【中譯】：有關臺北廳下的茶葉歷來依地方多少有些差異，若就久遠的調查的話，在基隆支廳下桀魚坑庄附近距今約百年前嘗試栽培……坪頂庄（今士林區平等里）位在草山庄與相鄰的菁礐庄（今士林區菁山里）之間，草山庄（今士林區菁山里）的西邊有永福庄（今士林區永福里）。此地區總稱為北山。而各地的氣候各有一些差異。永福庄與士林街略同，草山庄比永福庄氣溫稍低，坪頂庄與菁礐庄二庄比起草山庄更稍低。過去這些地方的產茶價格，永福庄產約百斤（六〇公斤）對十四元，草山及菁礐庄產為十六元，坪頂庄產為二十元。全依其色澤及香氣良否來決定。然而後來玩弄奸策的茶販仔，將上述各地的茶葉相混偽稱為坪頂茶，賣給再製茶業者的茶館，以後，坪頂茶失去固有的特性，現在各庄產茶都以同一個價格買賣。上述坪頂庄中，在距今四十年前的菁礐庄土名大庄，李元成所帶來的軟枝種種子及種苗來種植為開端，坪頂庄土名大坪尾以前是廣闊的舊茶作物地，現今成為荒蕪地。

日的行政區劃，則芝蘭一堡約是今日臺北市士林、北投區，芝蘭三堡約是今日新北市淡水、三芝區，而金包里堡則是今日新北市金山、石門、萬里區。以下，我們先依據日治初期的土地調查資料，列出大屯山區產茶的聚落（庄），並呈現一九〇二年時該處的人口數據與族群結構。大致情況如表3－1、3－2與3－3所示。

從上述三份統計表格，可知大屯山區產茶聚落居民，祖籍上多屬閩籍的漳、泉人士，且又以泉州人為主。同時，茶產區較具規模的北新庄、土地公埔（新北三芝區）、公館地（臺北士林區）以及阿里磅（新北石門區），人口數量又較其他產茶聚落更多，可見除了自然環境以外，茶產業的規模，也會影響聚落居民的人數，漢人移民定居大屯山區後的發展，實與茶產業有密切關係。以下，我們再分三點逐項說明大屯山區的族群情況。

（一）泉州府移民：依據上述三表可知，大屯山區產茶聚落居民以泉州府為主。根據一九二六年的人口資料，這裡所謂泉州府移民，幾乎都是同安、安溪籍移民（表3－4）。

相對於一九〇二年的調查，一九二六年人口資料的計算單位則隨行政區劃改制，有不同的空間範圍，但整體來說，大屯山區即為當時淡水郡的淡水街、三芝庄、石門庄；七星郡的北投庄、士林庄，因此這幾個庄的人口資料，可以作為一九〇二年的對照組。

我們這裡要進一步說明臺灣泉州人的內部構造，據此說明茶產業的族群特色。首先，依據表3－4可知泉州人分為安溪、同安、三邑。其中，淡水郡（約今淡水區）三邑人（南

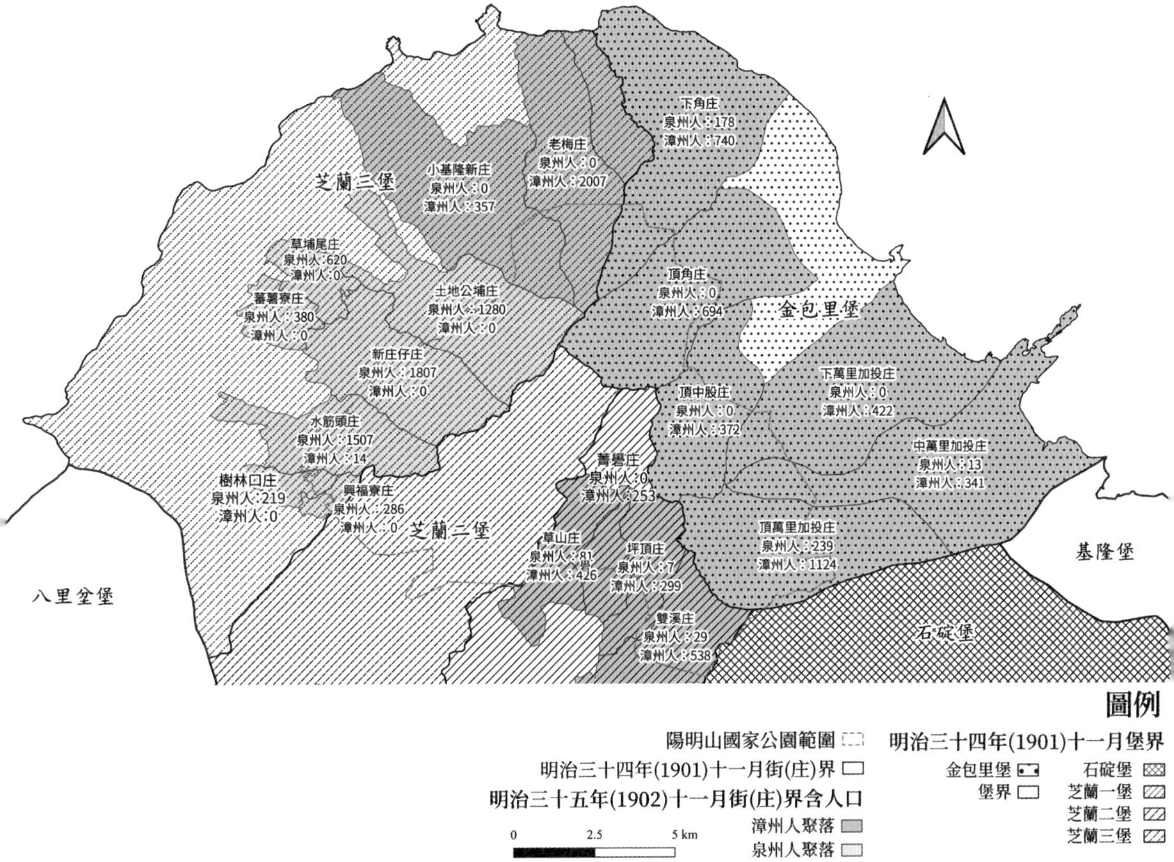

3-8

圖 3-8 1902 年大屯山區各庄泉州、漳州人口分布圖。依表 3-1～3-3 資料製圖而成。（劉玫宜重繪）

表 3-1　1902 年芝蘭三堡茶產業聚落祖籍人口與戶數

祖籍 庄名	泉州 （人/戶）	漳州 （人/戶）	廣東 （人/戶）	熟番 （人/戶）
樹林口（樹林口庄）	219/31	0/0	0/0	0/0
興福寮（興福寮庄）	286/54	0/0	0/0	0/0
水梘頭（水梘／筋頭庄）	1,507/248	14/3	0/0	0/0
草埔尾（草埔尾庄）	620/92	0/0	0/0	0/0
蕃薯寮（蕃薯寮庄）	380/61	0/0	0/0	0/0
北新庄（新庄仔庄）	1,807/281	0/0	0/0	0/0
土地公埔（土地公埔庄）	1,280/180	0/0	0/0	0/0
老梅（老梅庄）	0/0	2007/308	0/0	0/0
二坪頂（小基隆新庄）	0/0	357/80	0/0	0/0

表 3-2　1902 年芝蘭一堡茶產業聚落祖籍人口與戶數

庄名＼祖籍	泉州（人/戶）	漳州（人/戶）	廣東（人/戶）	熟番（人/戶）
草山（草山庄）	81/15	426/81	0/0	0/0
內双溪（雙溪庄）	29/6	538/104	0/0	0/0
公館地（公館地庄）	380/78	165/34	0/0	0/0
坪頂（坪頂庄）	7/1	299/59	0/0	0/0
菁礐（菁礐庄）	0/0	253/56	0/0	0/0

表3-2 | 表3-1

資料來源：《臺灣總督府及其附屬機構公文類纂》，781、782 冊，1902 年。

表 3-3 1902 年金包里堡茶產業聚落祖籍人口與戶數

祖籍 庄名	泉州 （人/戶）	漳州 （人/戶）	廣東 （人/戶）	熟番 （人/戶）
石門（石門庄）	106/19	433/70	0/0	0/0
阿里磅小坑（下角庄）	22/4	461/89	0/0	0/0
阿里磅（併入下角庄）	156/22	279/66	0/0	0/0
萬里加投（頂萬里加投庄）	82/20	763/217	0/0	0/0
竹仔山腳（頂角庄）	0/0	184/38	0/0	0/0
公館崙（下萬里加投庄）	0/0	422/77	0/0	0/0
磺溪頭（頂中股庄）	0/0	372/82	0/0	0/0
粗坑（中萬里加投庄）	13/2	341/59	2/1	0/0
溪底（併入頂萬里加投庄）	59/9	201/30	0/0	0/0
坻仔上天（併入下萬里加投庄）	0/0	259/43	0/0	0/0
倒照湖（併入頂角庄）	0/0	510/96	0/0	0/0
土地公坑（併入頂萬里加投庄）	25/4	96/16	0/0	0/0
鹿窟坪（併入頂萬里加投庄）	73/12	64/13	0/0	0/0

表 3-4　1926 年大屯山區漢人祖籍的調查資料（單位：百人）

街庄	福建省								廣東省	
	泉州			漳州	汀州	永春	興化	福州	潮州	嘉應州
	安溪	同安	三邑							
淡水郡	47	214	36	94	34	17	---	---	---	1
淡水街	46	111	33	3	---	17	---	---	---	1
三芝庄	1	58	---	8	29	---	96	---	---	---
石門庄	---	---	---	66	5	---	71	---	---	---
七星郡	230	337	43	259	1	3	2	3	1	---
北投庄	16	75	3	33	---	---	1	---	---	---
士林庄	---	77	---	149	---	---	---	---	---	---

表3-4 | 表3-3

表 3-3

資料來源：《臺灣總督府及其附屬機構公文類纂》，781、782 冊，1902 年。

表 3-4

資料來源：臺灣總督府官房調查課，《臺灣在籍漢民族鄉貫別調查》，臺北：臺灣時報，1928 年。

安、晉江、惠安）主要的聚居範圍，集中在淡水街，亦即今日淡水老街一帶。三芝、石門庄完全沒有三邑人，越往茶產業的丘陵地區，越沒有三邑人的蹤跡，可見三邑人雖分類為「泉州人」，卻不是經營茶產業的泉州人。[17]

在這個前提下，我們可以反過來推估表3-1、3-2、3-3中所登載的泉州人，應是指安溪、同安籍的泉州人。

我們同時比對了二百三十八份淡水、三芝、石門等丘陵聚落的族譜記錄，確認祖籍為泉州的居民，皆來自安溪、同安兩地。[18]正如同藤江勝太郎的茶業調查報告所述，臺北地區的茶產業係先後由安溪、同安兩籍茶商推動，故大屯山區種茶聚落的泉州移民，亦皆來自安溪、同安兩地。

（二）漳州府與廣東省移民：

從一九〇二年以來的人口資料，可以得知大屯山區的漳州移民人數甚多，僅次於泉州移民。這個數據意味著，儘管十八世紀以來茶產業的發展深受安溪移民所影響，但同樣活躍於沿山丘陵的漳州移民，亦相當積極投入茶產業的經營。

以大屯山區的茶產業發展來說，漳州移民對於大屯山東南側的士林、北投以及大屯山東側石門地區的茶產業，便有著極大的貢獻。換言之，大屯山區茶產業呈現出跨越人群藩籬的產業面貌。我們幾乎未見到此現象：不同祖籍移民，在經營茶產業的過程中大打出手。比較多的記錄，反而是不同祖籍移民同樣致力於茶葉生產的改良與技術的傳播。例如，前述楊漢龍的調查報告中，提及十九世紀晚期士林區農民到其他地區學習種植與製茶技術，並在士林區展開茶產業的經營，這正好說明茶產業興盛之際，漳州移民也紛紛投入產業的經營。

此外，比對一九〇二年與一九二六年的人口資料，可以發現大屯山區也有不少的汀州人與部分的廣東移民。汀州雖係清代福建省的行政範圍，但一般認為汀州人在語言與文化上，與廣東移民較為接近，故臺灣多有「汀州客」的說法。溫振華的研究也指出，三芝的江氏、華氏家族來自永定；許氏家族來自饒平，謝氏家族來自詔安等。[19]這些移民在祖籍的判定上，常被官方列入閩籍，但在實際人群的分類上，與泉州、漳州又稍有差異。總之，這些人群分類上的差距，無疑更能清楚呈現大屯山區茶產業的發展，如何深刻影響了區域內各個移民群體。更重要的，而茶產業帶來的並非群體間的分類與衝突，反倒是更多人與人之間的合作關係。

（三）熟番族群：由於大屯山地區原為平埔族活動空間，儘管在人口資料上，顯示二十世紀以來平埔族迅速消失。到了一九三五年的人口統計中，大屯山區平埔族人數已不足兩百人。[20]不過，大屯山區的地權仍有不少

17張家麟、卓克華編纂，《淡水鎮志（社會篇）》（新北：淡水區公所，二〇一三年），頁三〇〇。
18趙振績，《臺灣區族譜目錄》（臺北：臺灣省各姓歷史淵源發展研究學會，一九八七年）；陳志豪田野調查。
19溫振華、江蔥，〈清代淡水地區平埔族分佈與漢人移墾〉，發表於淡江大學主辦，「過去、現在、未來：淡水學術研討會」，一九九八年十二月十二至十三日，頁三九—四五。
20黃雯娟、康培德，《陽明山地區族群變遷及聚落發展之研究：以日治時期北投地區為中心的考察》（臺北：陽明山國家公園管理處委託研究報告，二〇〇七年），頁一五。

屬於平埔族，因此漢人移民在大屯山區經營茶產業時，幾乎都有向平埔族繳納租金的記錄。例如，淡水、三芝一帶的大屯社、北投社，或者北海岸的金包里社等，都有向漢人移民收取茶園租金的記錄。[21]

陽明山國家公園管理處退休技正呂理昌先生也曾提及，他在擔任擎天崗管理站主任期間，金包里、毛少翁社的原住民仍會前往擎天崗的土地公廟祭祀，每年皆舉行「吃土地公福」儀式，顯見平埔族在大屯山區的農業開發過程中，與漢人移民建立良好的合作關係，這也使得漢人移民得以順利在大屯山區發展茶產業。日後，大屯山區的大屯社平埔族後代，甚至在一九三〇年代開設製茶廠，參與大屯山區茶產業的經營，這也更加凸顯茶產業多元族群的樣貌。

大屯山區每片茶園的背後，常常都是不同群體的移民或族群，這些人與人之間的距離，有時讓茶樹長成了不同的茶種，有時則留下了不同的歷史故事。茶樹與人的故事，正是大屯山區茶樹身世的重要環節。

茶樹栽種與民間信仰

大屯山區茶樹生長的故事，也可以在民間信仰的祭祀活動或口述中找到許多線索，因為在茶農的心中，茶樹得以生長，多少是受到神明的庇佑。一份清代的土地契約，曾有以下的記錄：

> 再批明：卑墾人等與圳公留參所園地，以為三官大帝、聖王公、福德爺歷年香燈，其份段界址載明與圳主鬮分山埔約字內。眾墾人等公留壹段園地，在土名乾坑仔尾

崙山下，與圳主分得第貳段。又壹段在土名狗殷懃，亦與圳主分得貳段，抽出崁下茶園連山壹小段埔配簡純闔額。[22]

這段記錄來自於一八三五年修築水圳（今士林區平等里尾崙圳）的契約，當時協議修圳的農戶，決定將「狗殷勤」三塊農地的收益，捐作祭祀三官大帝、聖王公與福德爺的經費來源，而三塊農地中有一處便是茶園。這段記錄顯示，今日平等里早於十九世紀初有開闢茶園，同時顯示茶園的開發，亦與當地民間信仰有些連結。

我們比對契約的地籍資料，可知此處約為今日的「狗殷勤」古道一帶，即平菁街二十八至三十六巷之間的範圍。平菁街七十五號即為「圳仔頭福德正神廟」，正是契約提到的福德爺。

又，契約中的聖王公，應指開漳聖王，即平菁街一〇六巷六之一號的「合誠宮」。[23]契約中的「三官大帝」，推測可能是士林街慈誠宮，因平等里屬於慈誠宮遶境範圍，且慈誠宮每年下元節皆有三官大帝之祀典活動。總之，清代的土地開發，多半與民間信仰關係密切，大屯山區的茶園亦是如此。

根據簡有慶的研究，可知合誠宮的媽祖遶境傳說中，曾提及某年因茶園生產不佳、病

21 溫振華、江蔥，〈清代淡水地區平埔族分佈與漢人移墾〉，發表於淡江大學主辦，「過去、現在、未來：淡水學學術研討會」，一九九八年十二月十二至十三日，頁三九—四五；詹素娟，〈地域社群的概念與檢驗：以金包里社為例〉，收於《曹永和先生八十壽慶論文集》（臺北：樂學書局，二〇〇〇年），頁六三—八〇。

22 「道光十五年鄒武等仝立分管山埔約字人」，收入〈開墾地業主權認定方認可申請ノ件（臺北廳）〉，《臺灣總督府及其附屬機構公文類纂》，國史館臺灣文獻館，典藏號：00005581001。

23 必須說明，「合誠宮」附近亦有一座小廟祭祀「廣佑聖王」，此為鄒姓居民奉祀，雖亦為聖王，但推想應非股夥共同奉祀的聖王公。

蟲害嚴重，故時人迎請關渡宮之媽祖前來遶境，降下大雨順利驅走茶蟲等，使茶葉生產大增。我們在內寮一帶訪查時，朱清楠先生也曾提及合誠宮媽祖遶境時，會前往內寮等地茶園遶境，據說可有驅茶蟲之效。[24]由此可見，民間信仰、寺廟與當地茶園的經營，常有許多緊密的連結。

當然，民間信仰與茶園開發的關係，也不只有今日士林一帶，大屯山區許多信仰活動，皆與茶園開發有關。一份位於三芝區的清代契約中，便提及茶園開發與尪公信仰（祭祀張巡、許遠的信仰，也稱「保儀尊王」），節錄如下：

> 立杜賣盡根契字人陳士傳……有承祖父遺下與張家合買水田、山林埔地壹段，內帶田寮、厝屋、稻埕、菜園、栽種茶欉、樹木、竹林、果子、什物等件各在內。坐落土名土地公埔大水窟庄，東至……批明：每年抽起谷參石奉祀恩光，隨田永遠，倘或不要祀，每年將參石交付賣主陳家領回自祀，不得刁難，批再照。[25]

這份契約係陳士傳將名下的水田、茶園、厝屋等出售，提及「每年抽起谷參石奉祀恩光」，亦即開墾獲益固定撥出三石（一石約一〇三公升）的收成，用於「恩光祭祀」，用臺語來念，也就是「尪公祭祀」。

儘管契約中僅載這筆祭祀費用附於田地經營，並非全數由茶園收入來支應祭祀，但這仍顯見大屯山區栽種茶樹的農家，多由開墾收益來支應祭神開銷。茶園既然是他們的開發事業之一，自然也與信仰有所連結。也就是說，清代以來大屯山地區的開發，與尪公信仰也有緊密的關係。

我們在三芝當地採訪時，曾蒙周正義先生告知，三芝一帶原以尪公信仰最為興盛，且信仰與茶產業的發展有關，每年五月祭典皆有祈雨除蟲的意涵，於三芝一帶輪祀，由此更可了解尪公信仰對於茶園經營的意義。

不僅如此，今日仍盛行於三芝、淡水區的「九庄輪祀大道公」信仰（九個聚落輪流奉祀保生大帝），亦與大屯山區的茶園經營有關。這個信仰約於十九世紀初期形成，並盛行於大屯山區，今淡水區的蕃薯里、坪頂里、水源里、蕃薯里、中和里、屯山里以及三芝的興華里、車埕里、埔平里等清代以來的茶葉產區，皆為大道公輪值信仰範圍。[26]

根據謝德錫的調查，當地茶農曾提及祭典時，大道公常會適時降雨，減少病蟲，有助於茶園的收成。有一年淡水區水源里輪祀大道公時，茶葉收成甚佳，販售價格也高，但隔年輪祀到三芝時，淡水的茶價便下跌，直到輪祀回淡水後，茶價才重新恢復。[27]這些

24 合誠宮的媽祖係分靈於關渡宮，有關媽祖顯靈庇佑茶園之口傳故事，可參見簡有慶，〈士林地區的媽祖信仰〉，《臺灣宗教研究通訊》，第四期（二〇〇二年），頁八七—一二二。

25 「光緒十九年陳士傳立杜賣盡根契」，收入〈開墾地業主權認定及土地臺帳ニ登錄方認可ノ件〉，《臺灣總督府及其附屬機構公文類纂》，國史館臺灣文獻館，典藏號：00001821001。

26 關於九庄輪祀大道公的討論，可參見張建隆，《尋找老淡水》（新北：臺北縣立文化中心，一九九六年），頁九五—九六；戴寶村，〈淡水、三芝地區的大道公信仰〉，收於：周宗賢（編），《淡水學術研討會論文集》（臺北：國史館，一九九九年），頁三七四—三七五；謝德錫，《百年祭典巡禮：八庄大道公的世紀拜拜》（新北：淡水文化基金會，二〇〇六年）。

27 謝德錫，《百年祭典巡禮：八庄大道公的世紀拜拜》（臺北：淡水文化基金會，二〇〇六年），頁五三。

茶農的口述，相當生動地記錄了茶樹生長與神明庇佑之間的關係。

茶葉的旅程

隨著福建移民而來的茶籽，在大屯山區長成茶樹後，並沒有停下移動的腳步。當時，從茶樹上採摘的茶葉，主要並非提供當地居民飲用，而是對外銷售。因此，早期大屯山區的茶葉多需運送至他處販售或再製。從茶樹到茶葉的製作，還有一波新的旅程。

茶葉的製作旅程，大致可以分為兩個階段，第一是由茶農從產地採摘後，挑運出來集中堆放，第二是由茶販收購後，運送至大稻埕等處進行再製。由於茶葉多靠人工採收，因此茶農採摘茶葉後，從茶園挑運至集貨處的道路，只要能讓人步行而過，大致便能符合需求。例如，今日一般常見的登山古道，其規模便已足夠茶農作為往來茶園間的交通道路。

今日大屯山區尚存且最明顯的早期茶園道路，便是大屯溪古道。大屯溪古道的起點約在新北市三芝區圓山里一處名為「三德橋」的橋樑。這座橋樑旁邊尚有一座石板橋，係十九世紀晚期以石板搭建的舊橋建築，稱之為「三板橋」，此處亦使用「三板橋」作為地名。這座古老的「三板橋」係連接今新北市三芝區圓山頂和北新莊的交通要道，在這座橋的橋墩石頭上，仍可見到「同治拾□年」字跡，即這座橋樑的建築年份。從橋墩的文字推估，「三板橋」大約是一八七三年前後修築完成，顯見大屯溪古道在十九世紀晚期曾為重要的交通路線，始需建設橋樑，便利通行。

關於「三板橋」的修築，還有兩個歷史線索：

3-9

圖 3-9 茶農延請尪公神轎巡視茶園，祈求來年降雨、驅蟲及茶葉收成順遂無恙。（Agathe Xu 繪）。

3-10

圖 3-10 三板橋現址，約能容一人揹貨通行。（里昂紅攝影工作室攝）

（一）日治時期的《三芝庄要覽》，記載三板橋係林永在一八七三年出資所築。[28]（二）一九九三年「三德橋」完成修建後，於橋旁豎立的〈三德橋建造誌〉中進一步提到，林永為同安人，道光初年（十九世紀前期）即深入大屯溪上游種茶，因見三芝往淡水的道路，常因溪水高漲難以渡涉，故出資興建橋樑。[29]從這兩個線索可知，「三板橋」的修築，正是為了讓茶農可以更方便地跨越大屯溪，將山區的茶葉，從丘陵的茶園挑往山下的集散地。

「三板橋」的出現，意味著早期茶葉產量較少時，簡易的交通道路便能應付茶葉的運輸。但是十九世紀晚期大屯山區茶產業日漸興盛後，茶農、茶商除了經營茶園外，也必須投注心力於交通建設的修築，始能因應茶葉的運輸。此後，大屯山區居民投入交通建設的修築，多半都與茶產業的發展脫不了關係。

茶葉由茶農採摘、挑運下山集中後，便由茶販轉運到平地的製茶間。如同前述《噶瑪蘭志略》的記載一樣，臺灣北部茶產業興起後，茶販（仲介）便是茶葉生產與製作過程中的關鍵角色，負責茶葉的流通。大屯山區茶產業即採此一產銷流程，從十八到二十世紀近兩百年間幾乎都沒有變過。

從圖3-11可知大屯山區茶葉生產後，無論是茶農自行粗製，或直接運送到其他地方的茶間製茶，皆由仲介引導茶農繳納茶葉後，始由茶工廠製茶，或送往大稻埕再製、外銷。其中，大屯山茶產業的仲介，有不少來自於士林。在日治時期的文獻中，有許多記錄皆提及士林茶販前往大屯山區收購茶葉的情

28 三芝庄役場，《三芝庄要覽》（臺北：同編者，一九三三年），頁六六。
29 三德橋係在舊三板橋旁新建之現代橋樑，用以取代三板橋。

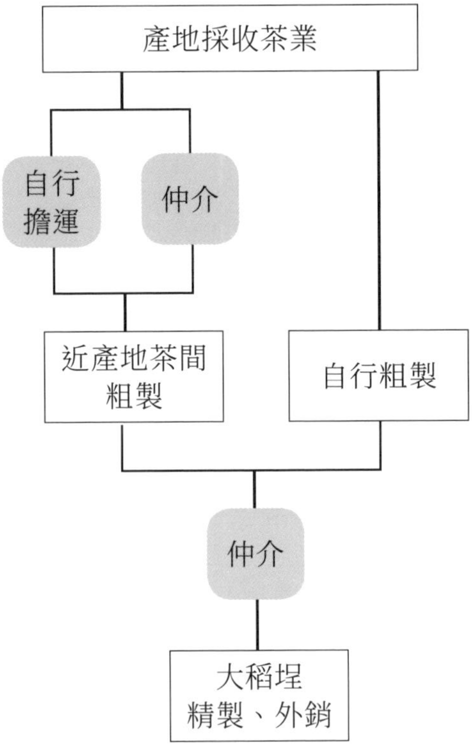

3-11

圖 3-11　大屯山區周遭的茶葉產銷流程圖（陳冠妃製圖）

資料說明：本圖係簡要説明大屯山區茶產業的大致產銷流程，呈現茶農與茶商之間的連結與合作，但每個時期、每個地方的情況，必然仍有些變化與差異。圖中的仲介即所謂的「茶販（販仔）」或「茶猴」。

形，例如，一八九六年士林茶販曾投書報紙，反映治安問題，如圖3—12。

下頁這份十九世紀末的報導，雖是提及茶販遭搶案件，但這類案件正好反映，清代以來士林茶販往來於大屯山區的熱絡情況。

由於十九世紀末日清政權交替期間，社會較為動盪，士林茶販往來山區多有被搶案件。故有一茶販陳朝便投書報紙，說明被搶情況，希望喚起當局的注意。從他的投書與其他報導內容可知，士林茶販前往大屯山區收購茶葉，實為常見情形。[30]

一九一八年，日人鈴木三彥的調查報告中，提到臺北的士林等地都有茶館，茶館通常雇用五、六名茶販，出庄收買。[31]顯然，士林作為鄰近大屯山區的重要商業市街，當有不少茶販穿梭於大屯山區的茶園。

我們在大屯山區的實地訪談中，也聽聞許多耆老提及昔日茶販收購茶葉的情況。例如，今日淡水區蕃薯里的里長王壽喜先生，曾說戰後初期他的父親常帶著自家茶樣，前往大稻埕尋找仲介、和同行互通市況。據王里長所述，當時他們會先走下山搭乘客運到淡水，轉搭北淡線鐵路進入臺北市區，再步行至大稻埕，大概半日即可往返。當時臺北最大的茶行，便是今日位於重慶北路的林華泰茶行。[32]

30〈茶販被搶〉，《臺灣新報》，一八九六年六月十七日；〈搶情疊見〉，《臺灣新報》，一八九七年六月八日。

31鈴木三彥，〈臺北廳下茶業（五）〉，《臺灣之茶業》（一九一八年九月），頁二四。

32李瑞宗主持，《陽明山國家公園原住民史蹟調查與耆老口述歷史記錄：東北分區訪談記錄》（臺北：陽明山國家公園，一九九七年），頁一五—一六；林華泰茶行為臺北知名茶行，成立於一八八三年，位於臺北市重慶北路二段一九三號。

茶販被搶（投書）：

芝蘭士林街有茶販陳朝者，上月同僱工往紗帽山買茶，行至磺崙，突有匪類陳天甲、陳大朗與蔡量者，捷〔截〕住去路，將朝銀項壹佰五十餘元盡行搶劫。僱工欲隨其後，以觀動靜，匪怒操刀嚇殺，然後悻悻而去。細查該匪住居北庄，係投「北投事務取扱」，陰養其惡云。

●茶販被搶　投書　芝蘭士林街有茶販陳朝者上月同雇工往紗帽山買茶行至磺崙突有匪類陳天甲陳大朗與蔡量者捷住去路將朝艮項壹佰五十餘元盡行搶刼雇工欲隨其後以觀動靜匪怒操刀嚇殺然后悻々而去細查該匪住居北庄係投北投事務取扱陰養其惡云

石門阿里磅茶業公司的許榮華，也曾提及當地茶葉粗製後，即裝入茶袋，用扁擔挑去士林；到士林後，會進一步送到臺北（指重慶北路、大稻埕）精製。現新北市三芝區圓山里北海福座前的涼亭，也是過去茶販向茶農收購茶葉之處。

透過這些口述內容，我們可以知道茶販與茶農通常有些默契，彼此維持行之有年的收購方式，茶販會進入茶產區收購茶葉，再轉售到臺北等地，此即過去大屯山區茶產業常見的產銷模式。

此外，茶販這個角色通常難留下名字，文獻中可以見到茶農、茶工場或茶商的名字，但是除了前述報紙的搶劫新聞以外，幾乎很難在文獻與訪談中，找到茶販的活動記錄，也很難有具體個案說明茶販的角色。因此，茶葉由茶販收購、轉運至茶行的歷史，仍像進入未開啟燈光的時光隧道，尚待後續研究來照亮歷史的過程。▲

3-12
3-13

圖 3-12 日治初期茶販被搶投書

圖片說明：這份十九世紀末的報導，雖是提及茶販遭搶案件，但這類案件正好反映清代以來士林茶販往來於大屯山區的熱絡情況。

資料來源：〈茶販被搶〉，《臺灣新報》，1897 年 8 月 19 日，第一版，漢珍數位圖書提供。

圖 3-13 採收茶葉之後，茶販會收購在當地粗製的茶葉，再運往大稻埕茶行精製及外銷。

資料來源：*Taiwan 1937-1938*（出版時間及作者不詳），南天書局提供。

內寮茶農朱清楠先生／里昂紅攝影工作室攝

IV

茶業公司與產業發展

二十世紀大屯山區開始出現許多茶業公司，這些由本地茶農與茶商組成的茶業公司，推動了大屯山區茶產業的發展，成為茶產業邁向高峰的幕後推手。這些在地的茶業公司，不僅多以「地名」為公司名稱，同時多於一九二〇至一九三〇年間成立。這並不是巧合，而是近代大屯山區茶產業發展下的特別現象。

從兼作到專業化的茶園

二十世紀的茶業公司，標誌著大屯山區茶產業走向專業化的過程，時間大約起於十九世紀晚期。由於清帝國在一八六〇年開放臺灣為對外貿易據點，外國商人相繼進入淡水等地從事貿易。原本僅是農業開發副產品的茶葉，因具商業價值，成了外國商人眼中的熱門商品，投入茶產業的貿易。[1]貿易的興起，開啟了臺灣茶產業的發展，也讓大屯山區的

茶園生產模式出現變化，茶園經營更趨專業。

我們整理了大屯山區相關的土地契約後，首先注意到茶園相關記錄出現明顯的變化：一八七〇年前的契約雖有茶園記錄，卻未見到茶寮等相關建物的記載，一八七〇年後，契約內容則開始出現茶欉、茶寮建物等記錄，顯示農家對茶園的描述更為細緻。

我們認為，契約內容對於茶園更為細緻的描述，可以視為茶園經營專業化的象徵。因為這意味著過去大屯山區茶園，多屬農家副產品，尚未有專業化的經營，但一八七〇年後，茶園已漸成為特定農家的主要產品。進一步來說，一八七〇年後的契約中，開始出現「茶欉」而非茶園，顯示農家對於茶園土地的管理，已將茶樹數量視為具體指標；至於契約中出現「茶寮」，更顯示茶葉生產漸具規模，需要特定專業的人為建設。所以，一八七〇年後契約內容出現變化，可以說是反映大屯山區茶產業在「開港通商」的年代裡，逐漸邁向專業化的經營。

4-1

圖 4-1 內寮茶園

圖片說明：臺北市士林區平等里內寮一帶茶園仍保留清代傳統蒔茶方式。（里昂紅攝影工作室攝）

我們用三芝埔頭坑（今新北市三芝區埔坑里）的六十四張土地契約作為案例，來說明大屯山區茶產業的變遷過程。整理這些契約

1 林滿紅，《茶、糖、樟腦業與臺灣之社會經濟變遷（1860-1895）》（臺北：聯經，一九九七年）。

後，可知埔頭坑最早的契約是一八〇二年（嘉慶七年）漢人向「小圭籠社」承租土地，這張契約載明漢人以稻田開發為主，並未有茶園的相關記錄。但是，過了四十年（一八四二年）後，同一塊土地的契約中，卻開始出現了茶園，顯示當地的農業經營從最初的稻作之外，開始兼營茶園的經營。[2]

再過了三十五年（一八七七年），埔頭坑的一份種茶契約中，更清楚透露茶園經營漸趨專業化的現象，我們先將這份契約內容摘錄如下：

> 立種茶合約字人。山主曹接萬、佃人林士不、陳石流、華大玖等，因萬承祖父遺下鬮書內應得山埔地壹段，址在滬尾小圭籠仔庄土名埔頭坑，東至崙……此佃人三人，自備工本，出首承瞨，當日憑中業佃議定，限瞨肆拾年。係此頭限叁年每年山租銀玖大員，至第四年山租銀拾捌大員正，餘外每年山租銀貳拾肆大員正。其山租銀按八月中交納清楚，不敢少欠分文等情……。
>
> 再批明：其茶寮業主鬮書內埔地，茶園界外付佃人起蓋足用，不得阻擋，批照。[3]

從上述引文可知，這份契約的地主與佃人，約定承租的前三年收山租銀九元[4]、第四年收十八元，第五年起則為每年二十四元，且

2 「嘉慶七年小圭籠社番土目包仔連等立給墾批」、「道光十七年曹來秀、江恩富等仝立鬮書字」、「道光二十二年江宏相立杜賣斷根田埔契字」，收入〈開墾地業主權認定及土地臺帳ニ登錄方認可ノ件〉，《臺灣總督府及其附屬機構公文類纂》，國史館臺灣文獻館，典藏號：00001821001。

3 〈光緒三年曹接萬立種茶合約字〉，臺灣史檔案資源系統，中央研究院臺灣史研究所檔案館藏，編號T0482D0397-007。

4 清代一元，約等於白銀〇．七二兩。以十九世紀晚期的物價來看，每一〇三公斤（每石）的白米約為一．七六元。換言之，山租銀九元約可購買五百二十七公斤的白米。關於米價，參見王世慶，《清代臺灣社會經濟》（臺北：聯經出版事業公司，一九八四年），頁七八。

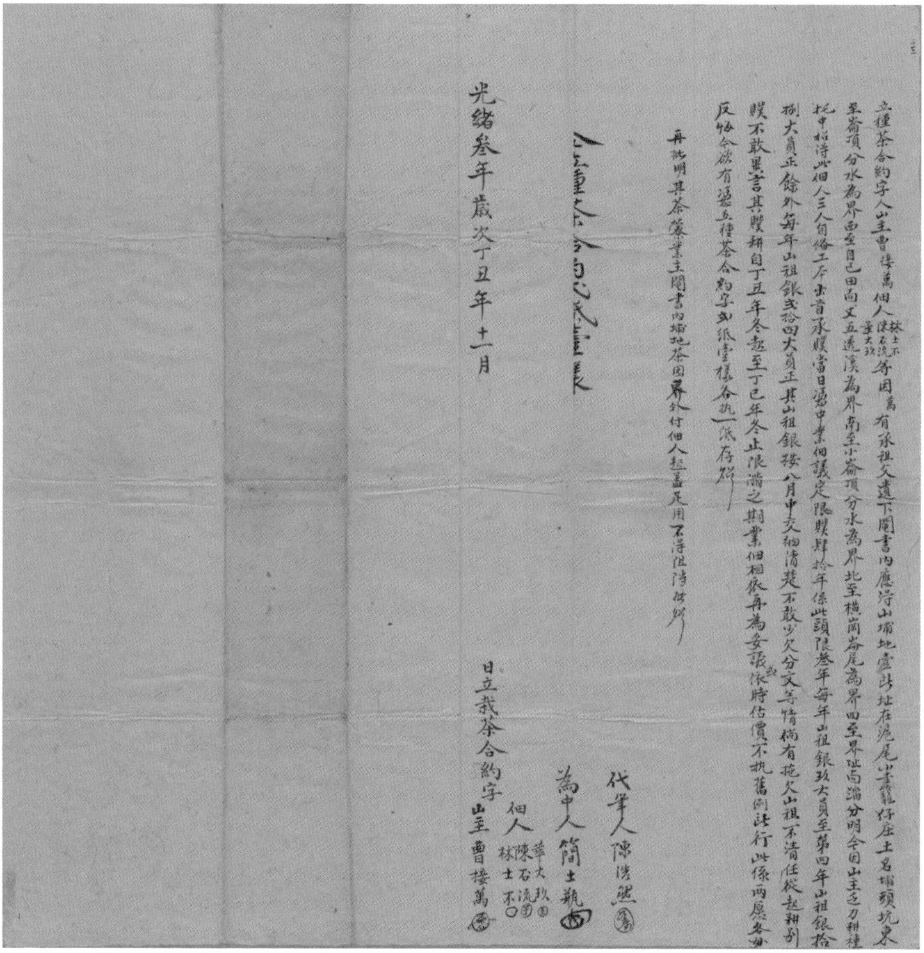
立種茶合約字人山主曹接萬佃人林士不 陳石流 華大玖等因萬有承祖父遺下鬮書內應得山埔地壹所址在鵝尾山崙龍仔庄土名埔頭坑東
至崙頂分水為界西至自己田尚又五過溪為界南至小崙頂分水為界北至横崗崙尾為界四至界址面踏分明今因山主乏力耕種
托中招得此佃人三人自備工本出首承贌當日憑中業佃議定限贌肆拾年係此頭限叁年每年山祖銀玖大員至第四年山祖銀拾
捌大員正餘外每年山祖銀弍拾四大員正其山祖銀按八月中交納清楚不敢少欠分文等情倘有拖欠山祖不清任從起耕別
贌不敢異言其贌耕自丁丑年冬起至丁巳年冬止限滿之期業佃相依再為妥議或依時估價不執舊例許行此係兩愿各無
反悔今欲有憑立種茶合約字一紙壹樣各執一紙存照
再批明其茶藔業主鬮書內埔地茶園界外付佃人起蓋尺用不得阻擋批照
光緒叁年歲次丁丑年十一月　日立栽茶合約字山主曹接萬
佃人華大玖 陳石流 林士不
為中人簡士瓶
代筆人陳洪然

4-2

圖 4-2　1877 年三芝埔頭坑的種茶契約

圖片說明：這張契約的內容，可以反映 1870 年代以後埔頭坑一帶的農業開發，從過往的稻作轉向茶園經營，且此時茶園經營已較過去更為專業化，茶寮建設、茶欉管理都是具體指標。

資料來源：〈光緒三年曹接萬立種茶合約字〉，臺灣史檔案資源系統，中央研究院臺灣史研究所檔案館藏，編號 T0482D0397-007。

於每年八月繳納，顯示地主認為茶園的價值有成長空間，故可依約逐年調漲租金，並以四十年作為租期。

有意思的是，過去此處開墾成田時，佃農係依照「早、晚季」（農曆六至十月）二次繳交地租[5]，但一八七七年經營茶園時，地租改為每年八月收取山租銀的方式，顯示土地經營轉為茶園後，收取地租的方式、時間，都與過去的稻作時期有所不同。[6]同樣的，這份契約開始提到茶寮，顯示茶園產量有一定規模，需另添建茶寮等設施來收存茶葉，此即大屯山區茶園專業化的現象。

十九世紀晚期大屯山區茶園專業化的發展，反映了茶產業的興起。產業興起的熱潮，也吸引臺北大稻埕的茶商，開始投入大屯山區的茶園開發。一方面直接經營茶園，另一方面可能也開始建置收購茶葉的據點，加速大稻埕與大屯山地區的茶葉交易。

舉例來說，大稻埕著名商號「東順號」（日治時期曾與辜家合資經營「官鹽組合」），便與三芝陳姓茶農合作，共同經營山豬窟等地的水田、茶園。[7]由於「東順號」在新北市三芝、臺北市北投等地都擁有不少土地，我們推測，大稻埕商人除了投資茶園開發外，可能也在這些區域設有據點，向茶農收購茶葉至大稻埕。[8]總之，貿易活動的興起與茶園的專業化，看起來是連動的關係，這一波茶園專業化的過程，使得大屯山區有更多農家開始專注於茶產業的經營，成為專業的茶農。

臺、日合作的製茶嘗試

一八九五年日、清政權交替後，日本茶商對

於臺灣茶產業的發展頗感興趣，故臺、日兩方茶商在茶產業上開始合作。起初，由於臺灣總督府有意與中國福州商人競爭沖繩的茶葉市場，推動將臺灣茶販售至沖繩，希望能改變過往由福州商人獨占沖繩市場的局勢。為了執行這項計劃，臺灣總督府一方面先於安平鎮製茶試驗場（今行政院農業委員會茶業改良場桃園總場）研發福州茶，並積極尋找生產基地；另一方面也與臺北茶商公會合作，試圖將臺灣烏龍茶販售至沖繩。[9]

到了一九一六年，為了因應臺灣總督府輸出臺茶至沖繩的計劃，一八九九年來臺且並開設「辻利茶舖」的日商三好德三郎，便於大屯山區的水梘頭一帶（今新北市淡水區水源里），率先租了五甲茶園，花了一年研發出適合沖繩人口味的茶（接近包種茶），才興建工場製茶，在大屯山區展開了臺、日雙方的茶產業合作計劃。[10]當時，與他合作的本地茶商，推測是日後成立「水梘頭製茶公司」的張順良。[11]

比較可惜的是，臺灣茶在沖繩市場最後仍無

5「嘉嘉慶七年小圭籠社番土目包仔連等立給墾批」，收入〈開墾地業主權認定及土地臺帳ニ登錄方認可ノ件〉，《臺灣總督府及其附屬機構公文類纂》，國史館臺灣文獻館，典藏號：00001821001。

6 同前註。

7「光緒十八年陳海諒立歸就杜賣盡根水田山埔契字」，收入〈開墾地業主權認定及土地臺帳ニ登錄方認可ノ件〉，《臺灣總督府及其附屬機構公文類纂》，國史館臺灣文獻館，典藏號：00001820001。

8「明治三十四年陳志誠等仝立鬮分約」，收入〈開墾地業主權認定及土地臺帳ニ登錄方認可ノ件〉，《臺灣總督府及其附屬機構公文類纂》，國史館臺灣文獻館，典藏號：00001821001。

9〈福州茶製造試驗〉，《臺灣日日新報》，一九〇九年十二月十七日；〈沖繩に於ける茶の需要〉，《臺灣日日新報》，一九一〇年八月二十七日。

10〈臺湾茶の推進〉，《茶苦來山人逸話：三好德三郎的臺灣記憶》，卷二（臺北：中研院臺史所，二〇一五年）；〈製茶沖繩移出　辻利茶店の計劃〉，《臺灣日日新報》，一九一六年八月二日。

11 臺北州勸業課，《臺北州茶業要覽》（臺北：同編者，一九三九年），頁二。

法與福州茶競爭，此一外銷事業漸漸式微，但這次臺、日合作在大屯山區展開的製茶計劃，仍說明此時大屯山區茶產業的發展，有著相當多元的面向。茶樹種植與茶園經營，也隨著茶產業的發展，有更商業化、更專業的製作技術與經營方針。

「以地為名」的茶業公司

「開港通商」以後的產業變化，雖讓更多茶農在大屯山區經營茶園，將茶葉販售至大稻埕等地，但地方上並未形成以茶業為主的商業組織。這多半是因為早期茶農皆屬小農，各自進行小規模的茶葉生產，並無組成商業組織的能力或需求。[12]

我們依據一九一五年的產業調查，可知當時全臺茶園面積約為 37,900 甲，製茶農家約有 21,600 多戶，平均每戶茶園僅一．七五甲，一年只能產茶 636.6 公斤。[13] 這樣的生產規模，便是二十世紀初期大屯山區茶園的經營樣貌。[14]

不過，在小規模茶園林立的狀況下，臺灣的製茶品質始終難以有效管理，二十世紀初期便因製茶品質不穩，難與印度、錫蘭、爪哇等地的茶葉競爭，導致出現產業危機。這個危機，正好帶來了地方性商業組織成立的契機。

一九一八年，為了因應產業危機，統治當局

12 飯沼剛一，〈各名士の茶業改良意見〉，《臺灣之茶業》第二卷第一期（臺北：臺北茶商公會，一九一八年），頁二一—二六。

13 飯沼剛一，〈各名士の茶業改良意見〉，《臺灣之茶業》第二卷第一期（臺北：臺北茶商公會，一九一八年），頁二一—二六。

14 飯沼剛一，〈各名士の茶業改良意見〉，《臺灣之茶業》第二卷第一期（臺北：臺北茶商公會，一九一八年），頁二一—二六。

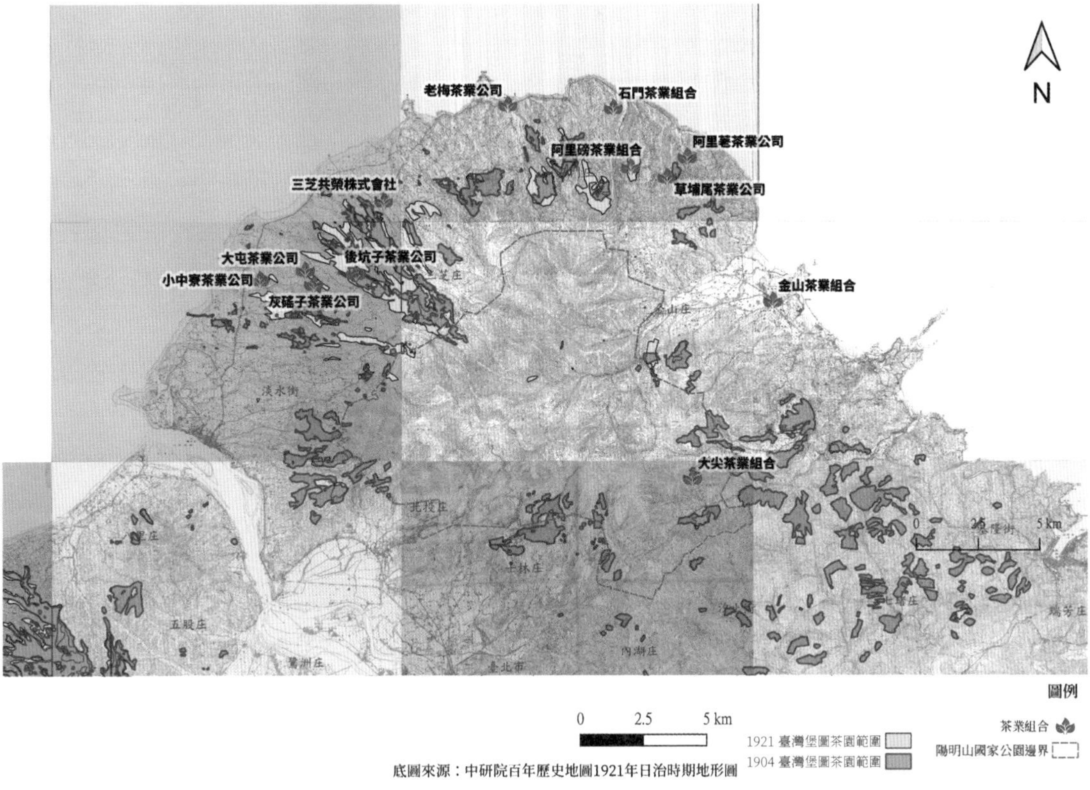

4-3

圖 4-3 日治時期的茶園分布與茶業組合位置。（劉玟宜重繪）

資料來源：臺北州勸業課（編），《臺北州茶葉要覽》，臺北：臺北州勸業課，1939 年。

（臺灣總督府）開始介入地方的茶葉生產，並推出「茶業獎勵計劃」的改革政策。這項政策有以下六個重要施行細則：（一）免費配給優良茶苗改良茶葉品種；（二）設置模範茶園，補助肥料、普及施肥觀念；[15]（三）補助借貸製茶機械，普及機械製茶；（四）以巡迴教師指導茶農提升製茶技術；（五）於各茶產地成立茶業組合或公司，實施共同製茶；（六）設置臺灣茶業共同販賣所，改善粗製茶交易。[16]

「茶業獎勵計劃」對於地方最關鍵的影響，是各地茶業公司的成立。這項政策的目標之一，是要重新整合各地製茶事業，故各地茶農便依照行政區劃的「庄」為單位（約今日區或鄉鎮範圍），陸續成立茶業公司或茶業組合等商業組織，整合茶園生產規模，共同投入產業升級與改良計劃。

此時，在經費補助的誘因下，本地茶農紛紛合資成立茶業公司。例如，淡水街的水梘頭茶業公司；石門庄的阿里磅茶業公司、草埔尾茶業公司、老梅茶業公司、金石茶業公司；以及金山庄的金山茶業公司和金包里茶業公司等。在士林庄，也有十五位茶農，經過官方協調而集資五千元，成立了公館地茶業公司。[17]這些因「獎勵計劃」而成立的茶業公司，旋即獲得統治當局的補助款，茶業公司方有資金購置新式製茶機械，改善茶葉的製程。[18]

這些茶業公司雖多由本地茶商、茶農合資成立，但也有部分日籍商人參與本地茶業公司的經營。例如北投的紗帽山茶業公司，便有日籍商人投資。一九三三年公司負責人吳旺過世後，也改以日人柳下兼作擔任公司代表人，顯見當時也有日籍商人參與茶業公司的經營。

整體來說，「茶業獎勵計劃」推行十年後，臺北州（約今日北北基範圍）至少成立了七十七家茶業公司，大屯山區便有三十四家茶業公司，幾乎占整個臺北州公司數量的一半，顯示大屯山區茶產業的商業組織較臺北州其他區域更為發達。其中，當時的三芝庄有十五家、石門庄有七家、淡水街六家、金山庄兩家、北投庄兩家、萬里庄及士林庄各一家，這三十四間茶業公司的經營概況，詳見下表4-1。[19]

由表4-1來看，大屯山區的茶業公司集中於三芝、淡水與石門庄這三個主要茶業生產區域，很巧的是，每間公司皆以公司所在地的「大字」（約今日的里）地名，作為公司的名稱，顯見這些茶業公司具有地域性組織的特色。

更重要的是，這項特色其實是與當時的「茶業獎勵計劃」補助款有關，當時補助款的申請，是以「大字」作為申請範圍，於是每間公司都「巧合」地使用「大字」作為公司名稱，而不考慮公司負責人或其他具有商業意義的名稱。換言之，以地名作為命名準則的茶業公司，顯然是因應政策（或者說補助款）而形成的商業組織。

15 臺北的茶園自清代開港以來急速成長，但開墾後坡面表土容易被沖刷，加上茶農沒有施肥的習慣，因此有地力耗盡的危機。
16 許賢瑤編，《日治時代茶商公會業務成績報告書（1917-1944）》（臺北：國史館二〇〇八年），頁 I V。
17 〈士林庄に新茶業公司　十年計劃で〉，《臺灣日日新報》，一九二七年五月五日。
18 〈茶業公司設立　臺北州下に於ける〉，《臺灣日日新報》，一九二一年四月十六日。
19 臺北州勸業課，《昭和四年度臺北州農事團體》（臺北：臺北州勸業課，一九二九年），頁一—四。

表 4-1　1929 年大屯山區茶業公司的經營概況

公司名稱	行政區	設立時間	資本金額	茶園面積	公司人數	負責人
公館地	士林庄	1927.05.14	5,000 元	50 甲	15	葉安
紗帽山	北投庄	1923.03.15	2,000 元	56.5 甲	16	吳藤
十八分	北投庄	1923.03.15	2,000 元	52.721 甲	45	陳條三
後坑子	淡水街	1929.10.02	2,000 元	51 甲	6	張進
水梘頭	淡水街	1924.03.10	22,500 元	100 甲	20	張銓呈
小中寮	淡水街	1924.06.10	4,500 元	100 甲	10	鄭運秧
埔子頂	淡水街	1922.12.01	10,000 元	50 甲	11	郭水源
糞箕湖	淡水街	1922.12.01	10,000 元	55 甲	15	康和順
大屯	淡水街	1926.08.10	3,000 元	50 甲	5	李君子
陽住坑	三芝庄	1929.06.11	1,000 元	50 甲	5	楊夷狄
車埕	三芝庄	1929.05.21	1,000 元	50 甲	10	許文德
榮陽	三芝庄	1929.10.25	1,000 元	50 甲	6	鄭寶
錫板	三芝庄	1919.03.01	11,500 元	140 甲	10	藍金山
土地公埔	三芝庄	1919.12.20	4,000 元	100 甲	14	賴塗
小坑子	三芝庄	1920.06.24	4,000 元	101 甲	11	鄭田
後厝	三芝庄	1921.06.13	4,000 元	100 甲	10	楊火煙
橫山	三芝庄	1921.07.01	3,000 元	100 甲	15	簡炎
北新庄子	三芝庄	1921.10.10	4,000 元	100 甲	15	盧烏番

楓子林	三芝庄	1911.12.20	2,000 元	100 甲	16	盧橇
陳厝坑	三芝庄	1923.09.01	3,000 元	100 甲	12	謝有田
新小基隆	三芝庄	1923.09.01	2,000 元	65 甲	8	江自緺
八連	三芝庄	1923.11.01	3,000 元	72 甲	9	華順接
小基隆	三芝庄	1924.03.19	10,000 元	90 甲	8	江阿逢
埔頭坑	三芝庄	1925.10.23	3,000 元	62 甲	5	簡便生
阿里磅	石門庄	1920.11.11	2,000 元	100 甲	21	許里
草埔尾	石門庄	1920.11.11	2,000 元	100 甲	23	謝新枝
金石	石門庄	1920.11.11	2,000 元	100 甲	14	江性勤
老梅	石門庄	1920.12.15	2,000 元	100 甲	14	潘迺明
大丘田	石門庄	1911.08.08	2,000 元	100 甲	15	潘迺森
石崩山	石門庄	1921.08.20	2,000 元	100 甲	20	江文通
尖子鹿	石門庄	1921.09.30	2,200 元	110 甲	22	陳協德
金山	金山庄	1921.02.23	2,000 元	100 甲	42	許海亮
金包里	金山庄	1921.03.15	2,000 元	100 甲	55	賴崇壁
大尖	萬里庄	1929.07.03	2,000 元	71 甲	18	吳杉

4-1

表格說明：表格中的元，係指日治時期臺灣銀行發行的法幣。

資料來源：臺北州勸業課，《昭和四年度臺北州農事團體》（臺北：臺北州勸業課，1929），頁 1-32。

上述大屯山區的茶業公司成立時，流程都非常相似。幾乎每間茶業公司都舉行了開幕式，同時邀請相關官員參加，官方報紙亦有留下報導，顯見茶業公司成立的背後，其實與政府的「獎勵計劃」息息相關，故官方也特別在報紙上廣為宣傳，以利計劃的推動。[20]

再進一步估算各公司概況，每間茶業公司平均約有83.12甲茶園，平均資本額4,050元，員工約十六人。這樣的組織規模，可反映兩個產業變遷結果：（一）茶園規模提升。（二）在地商業組織成形。十九世紀晚期茶園專業化的過程，已讓茶產業成為大屯山區重要農業活動，茶業公司的出現，則是在產業發展過程中，出現了以在地茶農、茶商為主的商業組織。

對於上述茶業組織的發展，我們必須補充說明兩點：

（一）大屯山區茶業公司皆屬小型商業組織。由於這類商業組織係受到政策引導，以小區域內茶園整合作為目標，故茶業公司僅為鄉鎮範圍內的商業組織，其規模自然無法與當時日本財團的規模相比。例如一九二〇年代三芝庄最大的茶業組合——錫板茶業公司，茶園面積有一百四十甲，同時期日資三井合名會社在全臺灣經營的茶園面積，則有將近八百甲，可見兩者規模的差距。[21]但是，茶業公司規模的差距，正好也顯見大屯山區茶產業的興盛，並不是倚賴外來資本的扶持，而是憑藉在地茶農與茶商的力量。

（二）補助計劃的弊病。茶業公司普遍為多名茶農共同組成，但出於行政方便，補助對象通常針對茶業公司的負責人，也就可能衍生爭議事件。例如一九二八年，石門庄即發生經營茶業公司的庄長，涉嫌挪取肥料補助金四千元而遭到調查。[22]我們認為「茶業獎勵計劃」的施行問題，並不能只視為政策弊端，這種「上有政策、下有對策」的情況，而是反映二十世紀臺灣茶產業的振興，並非單純倚賴統治當局的政策。我們想強調的是，政策固然帶來地方性商業組織的整合契機，但大屯山區茶產業接下來的發展，實有賴這些地方性茶業公司的經營，才能開啟新的產業熱潮，並讓茶產業的製程有所提升。

茶業公司的經營

由於統治當局推動的「茶業獎勵計劃」，主要是透過補助購置製茶機械經費的方式進行。因此茶業公司成立後，最初的工作通常是購置機械，引入機械製茶的製程。例如，當時的報紙提及，一九二四年北投庄成立十八分、紗帽山兩家茶業公司時，便得到統治當局補助一千元[23]的經費，用於添購望月式揉捻機三臺、玉解機（浪菁機）一臺、乾燥機兩臺（圖4-4、4-5、4-6）。另外，每年也有五百元的肥料補助，共計五年。[24]

除了添購製茶機械與肥料補助外，茶業公司的產業升級成果，常見的要屬下列三項公開活動，分別是：製茶競賽、採茶競賽與技術研習。

20 〈茶業公司設立　臺北州下に於ける〉，《臺灣日日新報》，一九二一年四月十六日。

21 張崑振，〈三井合名會社與製茶工廠〉，《臺灣學通訊》第一一二期（新北：國立臺灣圖書館，二〇一九年），頁一八—一九。

22 〈庄長の惡事發覺　嚴重取調中〉，《臺灣日日新報》，一九二八年五月二十七日。

23 日治時期的日元與今日的日元，約是一：二〇〇的比例，故一千元的補助款，約等於今天的日幣二十萬元，折合臺幣約五萬五千元左右。

24 〈兩茶業公司に機械貸下と補助金〉，《臺灣日日新報》，一九二四年二月二十四日。

（一）品評會與茶葉產銷

二十世紀初期臺灣的製茶競賽，可分成「茶園品評會」及「製茶品評會」，這兩種競賽皆為日治時期桃園廳農會在一九一七年首創，並為各地仿效。[25]其中，「茶園品評會」分為兩階段審查，旨在評審茶園狀態、茶園管理與茶園產量三大指標。[26]但因茶園品評會的評量過程，往往需耗時半年至一年之久，故臺灣各地較少舉辦，大屯山區僅於一九二二年由石門庄舉行過一次「茶園品評會」。

相較之下，「製茶品評會」因舉辦方式較為簡易，故當時產茶的「庄」，紛紛積極舉辦地方性的「製茶品評會」，庄內各間茶業公

25《茶業界有益之品評會》，《臺灣之茶業》第二卷第二期（臺北：臺北茶商公會，一九一八年），頁二八—四六。

26《茶業界有益之品評會》，《臺灣之茶業》第二卷第二期（臺北：臺北茶商公會，一九一八年），頁二八—四六。

4-4

4-5

圖 4-4　日治時期茶工場使用的望月氏揉捻機

資料來源：武內貞義，《臺灣》(臺北：臺灣日日新報社，1914），頁 229，國立臺灣大學圖書館藏。

圖 4-5　日治時期玉解機（浪菁機）

資料來源：臺灣總督府殖產局 (編)，《製茶機械》（臺北：臺灣總督府殖產局，1930），國立臺灣大學圖書館藏。

4-6

圖 4-6 日治時期的乾燥機

資料來源：臺灣總督府殖產局(編)，《製茶機械》（臺北：臺灣總督府殖產局，1930），國立臺灣大學圖書館藏。

司會出產品，交由品茶師鑑定，挑選品質優良者予以表彰。大屯山區各庄的茶業公司，在一九二〇年代亦多次舉辦「製茶品評會」，例如，金山庄曾於一九二二年、一九二五年間，分別由金山、金包里兩家茶業公司主辦品評會；石門庄在一九二〇年代更至少舉行過四次品評會，這些活動皆可視為地方性茶業公司推動產業升級的成果。[27]

以石門庄來說，庄內的阿里磅、老梅等四家茶業公司先成立「合同會」，共同合作茶葉的生產。[28]隨後，又進一步成立「石門庄茶業公司聯合會」，並開始舉辦「製茶品評會」。[29]我們認為品評會有助於產業升級，因為這些活動對地方茶葉的銷售，帶來不少幫助。一九二七年石門庄的品評會，是由阿里磅茶業公司的烏龍茶獲得優勝，品茶師將其譽為「稀見之逸品」。[30]品評會結束後，阿里磅茶業公司即以每公斤〇．九至〇．九六元不等的價格售出[31]。

當時，一般粗製茶每公斤售價僅在〇．二五元左右，[32]阿里磅茶業公司在品評會後，能用高於市價三倍以上的價格，賣出自家公司製作的烏龍茶。儘管只是庄內茶商間的競爭比賽，但因比賽成果能具體反映在銷售價格上，此類活動對於製茶技術的提升，確能帶來實質鼓勵。

（二）專屬女性的採茶競賽

摘採茶葉是茶葉製程的第一步，為了加速摘採速度，維持茶葉品質，統治當局在「茶業獎勵計劃」推動後，緊接著也在一九二一年於林口庄（今新北市林口區）舉辦首屆農村婦女採茶競賽。根據當時的競賽紀錄，可知評分項目包括：（一）摘法之優劣（二）摘殘之有無（三）斤數之多寡。最後，評量者表揚、獎賞成績優良者，藉此提升婦女的採茶技術，甚至推廣所謂「一心二葉」的採茶標準。[33]

採茶競賽的出現，一方面反映統治當局有意推動採茶製程提昇，作為改善茶葉生產品質的一環，另一方面也顯見採茶工作長期皆由

27 〈淡水石門庄主開第一回大量賽茶〉，《臺灣日日新報》，一九二七年七月十七日。

28 〈四公司合同會と茶業の改善發達〉，《臺灣日日新報》，一九二一年一月八日。

29 「淡水郡石門庄自大正十四年度創立聯合會，每年開會一回，目的為當業者結為一團、協定規約……」，〈茶業公司開聯合會〉，《臺灣日日新報》，一九二九年一月十二日。

30 〈淡水石門庄主開第一回大量賽茶〉，《臺灣日日新報》，一九二七年七月十七日。

31 〈石門庄出品茶競賣成績意外良好〉，《臺灣日日新報》，一九二七年七月二十三日。

32 臺灣總督府殖產局，《農業基本調查書第十五》（臺北：臺灣總督府殖產局農務課，一九二八年），頁一〇九。

33 〈林口庄の茶摘競技會〉，《臺灣之茶業》第五卷第三期（臺北：臺北茶商公會，一九二一年），頁二九—三〇。

農村婦女負責，故參賽對象皆是女性茶農，而無男性茶農。

值得一提的是，二十世紀臺灣各項農產業的發展，其實有相當部分仰賴農村女性勞動力的支持，使得臺灣各項農產業皆得提昇，茶產業即是高度仰賴女性勞動力來進行採茶工作，才有後續的產業盛況。

大屯山區茶業公司，舉辦了多次以女性為主的採茶競賽。例如一九二二年，三芝庄五家茶業公司聯合舉辦採茶競賽，利用後坑子茶業公司茶園為場地。當時共有四十名選手參加，當中成績最佳為後坑子茶業公司的林氏足，其次則為錫板茶業公司的張氏欽和土地公埔茶業公司的李氏香。[34]

一九二七年，石門庄由石崩山茶業公司主辦採

34〈淡水採茶競技會〉，《臺灣日日新報》，一九二二年五月十八日，報導中認為淡水為採茶不佳區，故競賽頗有鼓勵性質。

4-9 | 4-7 / 4-8

圖 4-7 1936 年北部茶園農忙景象。

資料來源：《臺灣寫真大觀》（出版時間及作者不詳），南天書局提供。

圖 4-8 1937 年北部茶園農忙景象。

圖片說明：日治時期茶產業更為興盛，女性勞動人口亦較過去多，圖中可見婦女若戴斗笠遮陽，且可見兒童隨家長採茶的情形。

資料來源：*Taiwan 1937-1938*（出版時間及作者不詳），南天書局提供。

圖 4-9 早在日治時期便向茶農推廣「一心二葉」的採茶標準。（Agathe Xu）

4-10

圖 4-10 採茶婦女是茶產業重要的勞動力，熟手的婦女一日能採摘不少的茶葉，賺取家計費用。（廖珮蓉繪）

茶競賽，每家公司都要派出三名選手參加，最終由尖子鹿茶業公司的彭氏富拿下一等賞；二等為老梅茶業公司練氏愛，以及石崩山茶業公司江鍾氏金蓮；三等則是金石茶業公司鄭氏雪和張氏環，以及草埔尾茶業公司許氏照。[35]這些茶業公司所僱請的女性茶農，便是支撐大屯山茶產業發展的重要基礎，不容忽視。

（三）技術研習

為了具體提昇製茶技術與成果，統治當局相當積極推動製茶研習活動的舉行。這些茶業講習會，通常由總督府的茶葉試驗所、地方州廳的產業技師，或民間著名的製茶師擔任講師，向各地茶農傳授並交流最新的製茶技術。講習的項目除了特定茶種的做法之外，也包括製茶機械和石油發動機的使用方式等講習。通常，地方茶業公司的負責人或技師，先參與公部門的研習活動，然後再於自家茶業公司，舉辦講習活動，推廣新的製茶技術。以大屯山區來說，石門庄老梅茶業公司負責人潘迺明，一九二三年委託官方向外國商社代購石油發動機時，便協調外國商社派出技術員開辦講習會，向石門當地茶商說明石油發動機的操作。[36]一九二六年三芝庄的陳厝坑茶業公司，也曾負責舉辦包種茶講習會，由公司負責人謝有田擔任講師，當時共有十六名學員參加講習會；[37]隔年，石門庄的石崩山茶業公司，也舉辦包種茶講習會，邀請阿里磅茶業公司的製茶師許裕（許阿裕）擔任講師，當時共有二十名學員參加。[38]

依據表4-2來看，舉辦講習會的老梅、阿里磅茶業公司，茶園都在一百甲左右，算是稍具規模的茶業公司，而實際參與研習的會員人數，也較公司本身的員工人數來得多，顯示這類研習活動不只是對自家公司內部的員工訓練，也開放同庄其他茶農參與研習。

這些講習活動的舉行，說明一九二〇年代後，官方推廣茶產業新技術、知識時，便是透過茶業公司作為橋樑，傳遞給第一線工作的茶農。我們在進行訪查的過程中，先後亦蒙新北市淡水區草埔里的謝國村、謝宜良先生，提供謝泉在日治時期擔任製茶師的工資單與出勤記錄（圖4-11、4-12），這些民

35 〈石門庄茶摘競技〉，《臺灣日日新報》，一九二七年九月十二日。
36 〈淡水茶大改善〉，《臺灣日日新報》，一九二三年三月十二日。
37 〈三芝包種茶講習會〉，《臺灣日日新報》，一九二六年四月四日。
38 〈石門製茶講習〉，《臺灣日日新報》，一九二六年四月十九日。

表 4-2 臺北州 1921 年、1929 年茶產業狀況比較表

年別	製茶戶數	茶園面積（甲）	茶葉總產量（公斤）	粗製茶每百公斤均價（元）	每戶平均收入（元）
1921	13,833	15,174	3,557,771	27.35	118.17
1929	12,374	18,982	3,808,699	37.53	194
增減比例	-10.5%	+25.1%	+7.1%	+37.2%	+64.2%

資料來源：《昭和十四年臺北州勸業課臺北州茶業要覽》（臺北：臺北州勸業課，1939），頁 10-11。

間留存的文獻，更清楚說明二十世紀以來臺籍專業技師，長期在地方上推動製茶技術的改良。

此外，為了與茶業公司保持合作關係，統治當局也多次表彰各地茶業公司的負責人，例如，前述提及的陳厝坑茶業公司、阿里磅茶業公司的負責人，後續皆得到統治當局的表彰，甚至獲得「篤農家」的獎勵。[39]

這些茶業公司的負責人，除了作為地方茶產業的領袖外，也擔任保正、庄協議會員、庄長等公職。茶業公司在舉行推廣活動時，也常與地方性公共活動結合。例如，一九二七年三芝庄茶業公司聯合會，便先主持福德正神的開眼儀式，同時舉行製茶、編物講習會的結業式。[40]想來，這些在地的茶業公司，因得與地方保有緊密的聯繫，才能更有效地推動技術改良。

產業轉型與茶業公司

一九二〇年代，臺灣茶產業面臨出口危機，各地茶業公司皆與官方合作，共同推動產業改良計劃，努力促進茶產業發展，往後確實讓茶葉生產較過去更好，也讓茶業公司的營收有所成長。例如，石門庄過去曾為統治當局評為劣等茶產地，但經由改良後，很快一躍成為優良茶區。[41]

我們再以一九二一年及一九二九年臺北州的茶業數據進行比較，便可以發現，產業提升是整體的趨勢。短短幾年間，臺北州不僅茶園面積、總產量有所提昇，更重要的是，粗製茶平均價格增長了三七．二%，每戶製茶戶的平均收入則增加了六四．二%（表4-2）。

從上述的產業發展數據來看，我們可以了解茶業公司與統治當局合作後，確實得到實質的幫助，產量與價格都有所提昇，故茶業公司也更願意和官方保持產銷合作。一九二三年臺灣總督府在大稻埕設立「臺灣茶共同販賣所」後，大屯山區的茶業公司便積極利用此一平臺，與其他茶商進行交易。例如，一九二五年，三芝庄陳厝坑茶業公司出產的粗製包種茶，便是透過臺灣茶共同販賣所，與永興茶行達成交易，每公斤以〇．四五元價格賣出。此一價格比起往年每公斤〇．二一元的售價，高出了兩倍以上。[42]官方也以大屯山區茶業公司的案例作為宣傳，強調

39〈茶業篤農家講習會開催〉，《臺灣日日新報》，一九二七年十月三十日，第五版。

40〈福德正神開眼祭〉，《臺灣日日新報》，一九二七年十二月十八日。

41《臺灣茶業調查書》（臺北：臺灣總督府殖產局特產課，一九三〇年），〔中譯頁二三〇〕。

42此高價亦受到前一年冬天天氣特別寒冷的影響；〈新茶登稻市〉，《臺灣日日新報》，一九二五年三月十五日。

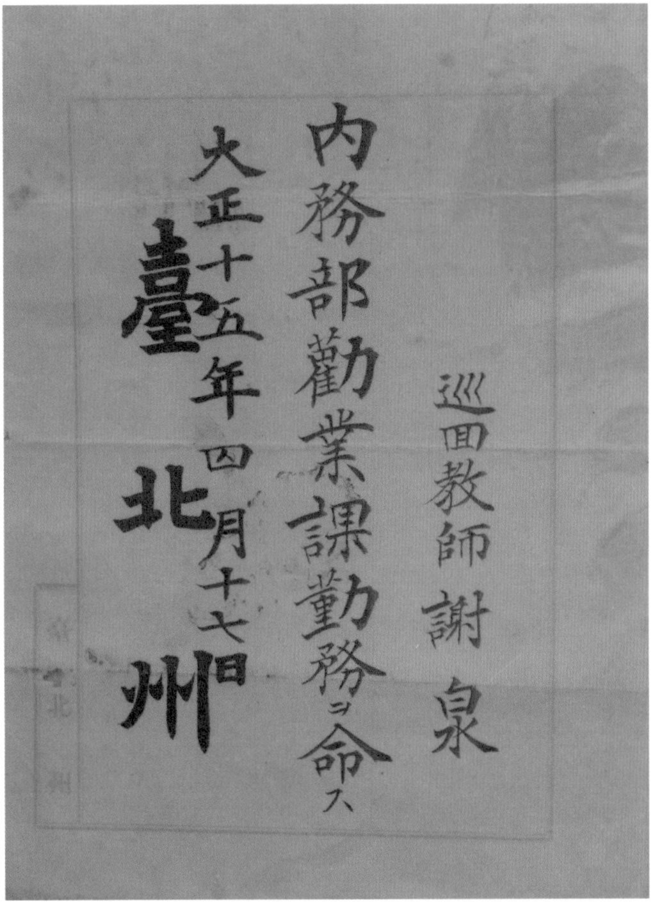
巡回教師 謝泉

內務部勸業課勤務ヲ命ス

大正十五年四月十七日

臺北州

4-12 | 4-11

圖 4-11、4-12 日治時期石門製茶師謝泉的工資單與各工場製茶師的出勤記錄。（謝國村、謝宜良提供）

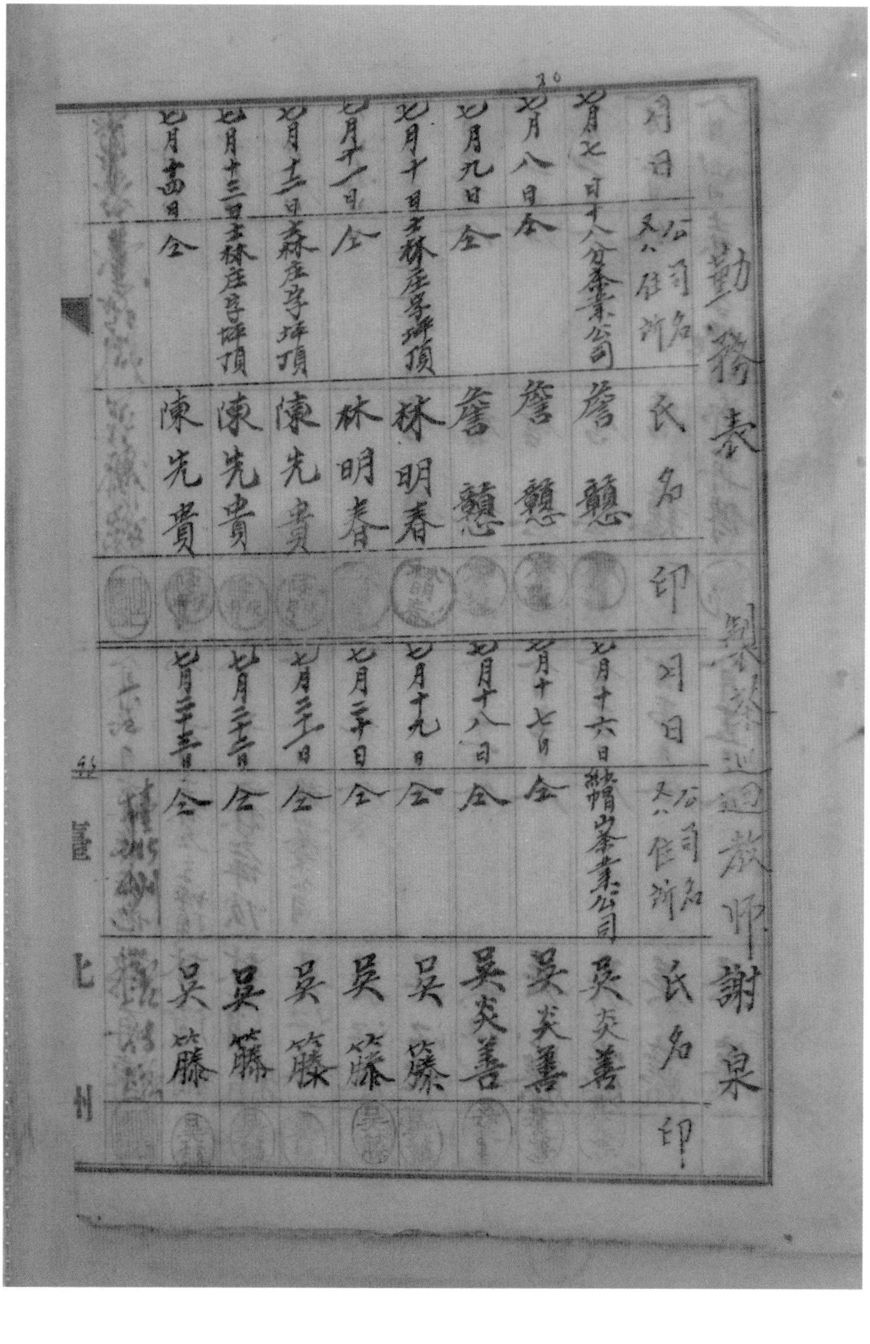

勤務表 製茶巡迴教師 謝泉

月日	公司名又ハ住所	氏名	印
七月七日	十八分茶業公司	詹聽	
七月八日	仝	詹聽	
七月九日	仝	詹聽	
七月十日	士林庄草坪頂	林明春	
七月十一日	仝	林明春	
七月十二日	士林庄草坪頂	陳先貴	
七月十三日	士林庄草坪頂	陳先貴	
七月十四日	仝	陳先貴	

月日	公司名又ハ住所	氏名	印
七月十六日	[illegible]山茶業公司	吳炎善	
七月十七日	仝	吳炎善	
七月十八日	仝	吳炎善	
七月十九日	仝	吳籐	
七月二十日	仝	吳籐	
七月二十一日	仝	吳籐	
七月二十二日	仝	吳籐	
七月二十三日	仝	吳籐	

「臺灣茶共同販賣所」的銷售平臺，有助於地方茶業公司銷售自家產品。[43]

一九二六年四月六日，「臺灣茶共同販賣所」統計當時收到的932.1072公斤委託茶之中，來自淡水、三芝、石門地區的委託茶數量即為1,027.203公斤，約占總數的三分之二。[44]隔年五月，「臺灣茶共同販賣所」統計在臺北州收到50,267.4244公斤茶，其中來自阿里磅茶業公司的茶葉，便高達910.7961公斤，是全臺灣交給販賣所最多茶葉的茶業公司。[45]由此可見，大屯山區的茶業公司，遠較其他地區的茶業公司，更積極地利用販賣所作為平臺，進行茶葉的交易。

由於一九二〇年代大屯山區茶產業建立了與統治當局的合作管道，故接下來的產業發展，更加受到政策的影響。一九三三年時，世界三大紅茶產地印度、錫蘭和爪哇為了控制茶葉價格，締結輸出限制協議進行減產，造成市場紅茶需求大增，統治當局遂鼓勵臺灣轉而投入紅茶的生產。於是，臺灣紅茶的輸出量從一九三三年的818,710.3984公斤，暴增到3,279,038.4035公斤，[46]各地的茶業公司也紛紛參與紅茶生產的熱潮。

當時大屯山區的茶商中，又以石門庄的阿里磅茶業公司最快趕上這波紅茶熱潮。根據當時報紙的報導，受到紅茶興起的影響，一九三四年阿里磅茶業公司負責人許里，收購了同庄的尖子鹿茶業公司，並斥資一萬元打造近四百坪的新式機械製茶工場，總計該工場區域約有三百七十甲茶園，每年最高可有十二萬公斤紅茶的產能。[47]一九三四年時，全臺灣三百一十六家茶工場之中，僅只有四十家茶工場有從事紅茶的生產，其中三十七家在臺北州，兩家在新竹州，可見阿里磅茶業公司靈活因應商機。

到了一九三七年時，根據官方的調查資料，全臺灣三百五十六家製茶場，已有二百一十四家從事紅茶生產，其中六十四家在臺北州，一百四十八家在新竹州，這二百一十二家生產紅茶的茶業工場之中，有一百九十六家是臺灣人開設的茶業公司，比例高達九成以上。[48]至於在產量部分，僅就當時淡水郡的淡水街、三芝庄、石門庄一帶的記錄，一九三七年紅茶製茶產量共有49,382公斤，占了這一帶總製茶產量的六成以上。[49]由此可見，大屯山區茶業公司在製茶上，漸轉向紅茶的製作，而這種情況特別又以新興的石門、金山等地的茶業公司為主。

依據一九三一至一九四二年臺灣總督府製作的《工場名簿》所載，相較於大屯山區其他的茶業公司，石門的阿里磅、草埔尾茶業公司以及金山茶業組合，皆於一九三〇年代晚期特別新增紅茶的製作項目，其內容如表4-3所示。

43〈春茶の出廻増加〉，《臺灣日日新報》，一九二六年四月六日。
44〈春茶の出廻增加〉，《臺灣日日新報》，一九二六年四月六日。
45〈大稻埕最近寄託茶〉，《臺灣日日新報》，一九二七年五月十日。
46臺灣總督府殖產局，《臺灣茶業統計》（臺北：臺灣總督府殖產局特產課，一九四〇年），頁二八—二九。
47〈臺北州下紅茶熱　希望新設工廠續出〉，《臺灣日日新報》，一九三四年十一月二十九日。
48整理自臺灣總督府殖產局所編之《工場名簿》昭和九年至十二年度，臺灣人茶業公司數量則依據業者姓名判斷；黃馨儀，〈日治時期臺灣紅茶文化研究—以三井合名會社為例〉（臺北：國立臺北大學民俗藝術研究所碩士論文，二〇〇七年），頁一〇四—一〇九。
49淡水郡役所，《淡水郡の茶業》（淡水：淡水郡役所，一九三九年），頁四、八。引自邱顯明，二〇〇四年。

由於一九三〇年代晚期《工場名簿》的記錄，更細緻地區分不同製茶產品的項目，故可注意到石門、金山庄的茶業公司的製茶項目，特別記載了紅茶的製作，但其他茶業公司則無紅茶記錄。這個差別，反映了紅茶對於石門、金山庄的茶農與茶商來說，正是他們從一九三〇年代以來的主力商品。一九三六年出版的《金山萬里誌》，即選擇將紅茶（而非其他茶種）列為金山庄的特產，顯見紅茶事業的發展，對於當地茶產業的影響。[50] 換言之，紅茶事業的發展，影響最大的區域，可能是石門、金山等日治時期新興的茶業產區，這些產區受惠於產業轉型，故區域內的茶業公司更能迅速因應紅茶事業的興起與發展。▲

50 李寶同編，《金山萬里誌》（基隆郡：礦港愛鄉會，一九三六年），頁五六。

4-3

表格說明：

1. 本表由《工場名簿》中挑選陽明山各區具代表性之茶業工場進行比較。
2. 工場原名及代表人如下：公館地：七星郡公館地茶業公司工場；紗帽山：七星郡紗帽山茶業公司；水梘頭：淡水郡水梘頭製茶公司；土地公埔：土地公埔茶業公司製茶工場，三芝；阿里磅：阿里磅茶業公司，石門；草埔尾：草埔尾茶業公司；金山：金山茶業組合製茶工場。

資料來源：臺灣總督府殖產局，《工場名簿》，臺北：臺灣總督府殖產局，1931-1942。惟國立臺灣圖書館藏書中，獨缺 1935 年份的《工場名簿》，故無資料可徵。

表 4-3　大屯山區茶業公司的製茶工場與產品　（陳冠妃製表）

	公館地	紗帽山	水梘頭	土地公埔	阿里磅	草埔尾	金山
1931	粗製茶	粗製茶	綠茶	粗製茶	粗製茶	粗製茶	×
1932	粗製茶	粗製茶	粗製茶	粗製茶	粗製茶	粗製茶	×
1933	粗製茶	粗製茶	粗製茶	粗製茶	粗製茶	粗製茶	×
1934	粗製茶	×	綠茶	粗製茶	粗製茶	粗製茶	×
1936	包種茶 烏龍茶 紅茶	×	粗製茶	粗製茶	粗製茶	粗製茶	粗製茶
1937	×	×	粗製茶	粗製茶	粗製茶	粗製茶	粗製茶
1938	×	×	粗製 綠茶	粗製茶	粗製茶	粗製 紅茶	粗製茶
1939	×	× *	粗製 綠茶	粗製包種茶 粗製烏龍茶	粗製紅茶	粗製 紅茶	粗製紅茶 粗製 烏龍茶
1940	×	×	粗製茶	×	粗製紅茶	×	粗製紅茶
1941	×	×	包種茶	×	紅茶 包種茶	×	粗製茶
1942	×	×	包種茶 烏龍茶	×	紅茶 包種茶	×	紅茶 包種茶 烏龍茶

富士坪古道土地公石棚／里昂紅攝影工作室攝

V

茶葉的調查

十九世紀晚期臺灣茶產業興盛後，官方開始製作相關的調查、統計資料，作為施政與管理依據。這些官方的調查與統計數據，正是今日回溯大屯山區茶產業歷史的重要線索。我們將透過這類檔案記錄，說明大屯山區茶產業的不同脈絡與區域特色。

十九世紀晚期的對外貿易

官方對於大屯山區茶產業的調查記錄，出現於一八六〇年以後。在這之前，雖有方志提及產業概況，但統治當局並無相關稅則或管理辦法，故對於大屯山區茶產業的產銷，其實並無進一步的記錄。直到一八六〇年，清帝國開放臺灣作為對外貿易口岸後，茶葉漸成重要的對外貿易商品之一，官方始因應貿易需求，而製作關於茶葉的外銷記錄。[1]此時的記錄，有兩個線索：

（一）釐金政策：由於清代臺灣官員在一八七一年發布抽收釐金的行政命令，預計以每六十公斤茶葉抽收〇．五元釐金的方式，向茶商另抽稅金，以便分享茶產業貿易的利潤。不過，釐金政策旋因商人反彈，導致官方只能以「定額委辦」的方式，與商人事先協定釐金總額，而非依照實際貿易量來課徵釐金。

換言之，若清代官方依照實際貿易數量來課徵釐金，我們便能從官方釐金的抽收數額，反推當時茶葉貿易量。但官方釐金的徵收方式，並非依照商品貿易量來課徵釐金，而是與商人議定固定金額，每年針對特定商品，抽收定額的釐金。以茶葉來說，當時官方便與茶商議定，每年抽茶葉的釐金共130,000元，約佔當時全臺灣土地稅收的18.73%（清代稅賦以土地稅為主）。[2]由此可知，定額

表 5-1　十九世紀晚期臺灣茶葉的出口量（單位：公斤）

年代	烏龍茶出口量	包種茶出口量
1866	81,141.31	—
1876	3,513,861.03	—
1886	7,238,606.40	345,224.63
1894	8,165,982.07	1,025,140.70

5-1

資料來源：林滿紅，《茶、糖、樟腦業與臺灣之社會經濟變遷（1860-1895）》，臺北：聯經，1997 年再版，頁 45。

的釐金數額，雖無法反映實際的茶葉產銷數量，但可證明官方日益重視茶葉經濟價值，官方每年也從茶葉貿易中，獲得了將近兩成全臺土地稅收的釐金。

（二）海關記錄：一八六〇年開港通商後，對外貿易港口皆需成立海關，管理貿易活動，故北部的淡水海關也會記載北部茶葉對外銷售的情況，留下每年茶產業出口量的記錄，如表 5-1 所示。

從表 5-1 可知，不用三十年的光景（一八六六～一八九四年），臺灣烏龍茶的出口量便由 81,141.31 公斤，成長至 8,165,982.07 公

1 林滿紅，《茶、糖、樟腦業與臺灣之社會經濟變遷（1860-1895）》（臺北：聯經，一九九七年再版），頁四三—四五。

2 李佩蓁，〈商民樂從？臺灣釐金制度與官商利益結構（1857-1886）〉，《臺灣史研究》二五：二期（二〇一八年六月），頁七七—八二。

斤，漲幅超過百倍，顯見當時茶產業貿易之盛。同時，一八八〇年代臺灣茶葉的出口項目，也從烏龍茶擴及包種茶，包種茶約占茶葉總出口的11.12%左右。淡水海關對於茶產業貿易的記錄，也不難推想，緊鄰淡水港且早有栽植茶樹的大屯山區，必然也會在這波貿易熱潮中，成為茶產業發展的重心之一。

由於當時從淡水輸出的茶葉，多半先銷往廈門，因此，我們可以透過一份一八六九年廈門商人作的貿易清單，來說明當時的茶葉貿易情形。根據這份清單，顯示淡水往來廈門的帆船，一年四季皆有配運茶葉，以當年度的情況來說，分別是春季171,000公斤、夏季282,000公斤、秋季735,000公斤、冬季314,000公斤，總計1,502,000公斤。[3]若由廈門商人的清單來看，十九世紀晚期淡水每年外銷的茶葉，可能比海關記錄的更多，甚至高達千萬公斤以上的規模。其中，一年之中又以秋茶外銷量最多，可見秋天很可能是大屯山區茶農最繁忙的時刻，他們忙著採收味道較為平和的秋茶，並透過往來兩岸的帆船，輸往廈門。這些茶葉抵達廈門後，經過重新拼配、包裝後，轉售至歐美各大城市，例如，美國紐約便是當時購買臺茶的重要城市之一。

清代的商業記錄，讓我們可以了解十九世紀晚期茶產業的盛況，漸漸進入了官方的調查視線。到了一八九五年日、清政權交替後，日本為了統治需求，在臺灣展開鋪天蓋地的綿密調查時，茶產業也在各類調查報告中，陸續留下更多的記錄。

地方民情與產業概況

一八九五年日本領臺後，首任淡水支廳長大久保利武，要屬最早進行大屯山區茶產業調查工作的官員。當時，大久保利武為了提供臺灣總督府更多施政訊息，便於轄內的芝蘭三堡一帶（今新北市淡水、三芝區）進行民情調查，並將報告提交給總督樺山資紀。其中，他在芝蘭三堡的土地公埔庄、新庄仔庄（今新北市淡水區、三芝區交界）、蕃薯寮庄、水梘頭庄、興福寮庄、樹林口庄、三空泉庄、小坪頂等八處聚落（即今日三芝區福德、圓山、興華里；淡水區蕃薯、水源、樹興、坪頂里）的調查報告中，皆提及當地產茶概況，其內容參見表5－2。[4]

日治時期作為施政參考的調查報告，今日則是觀察十九世紀末大屯山區茶產業的重要線索。我們透過調查報告的內容，可知芝蘭三堡一帶每年粗估有144,251公斤左右的茶葉產量，其中土地公埔庄的總產量最高，單位價格亦僅稍低於水梘頭庄，實為芝蘭三堡內最重要的茶產區。至於小坪頂庄一帶，產量雖僅次於土地公埔庄，但每百公斤的價格僅土地公埔庄的一半，可見各庄茶葉生產品質不一，價格自然也有不小的差距。

淡水支廳的報告除了茶葉，同時也調查米穀的產量與價格。例如，我們依照今日單位換算後，可知當時土地公埔庄每年收成的米

3 李想兒，〈帆船出口單〉，收入《臺灣文獻匯刊》（北京：九州出版社，二〇〇四年），第六輯第六冊，頁三九〇—四五八。

4 「明治二十八年八月中淡水支廳行政事務及管內概況報告（臺北縣）」，收入〈明治二十八年乙種永久保存第十三卷〉，《臺灣總督府及其附屬機構公文類纂》，國史館臺灣文獻館，典藏號：00000024001。

表 5-2 1895 年 8 月芝蘭三堡產茶的聚落 （陳冠妃製表）

庄名	年製茶總量（公斤）	每百公斤價格（元）	相關記錄
土地公埔庄	89,522	11.74	圓山頂一帶有公共林地，過去由居民推舉約首（地方公推的代表者）管理，居民若缺乏木炭生火時，才得以允許砍乏林木。
新莊仔庄	7,759	10.15	
蕃薯寮庄	3,581	10.74	
水梘頭庄	29,841	11.94	大屯山西南麓，含水梘頭、南勢埔、枋（楓）樹湖、山仔邊。
興福寮庄	2,984	7.76	大屯山南面，人家散在各所，田園甚少，亦製茶。
樹林口庄	7,162	8.95	含畚箕湖、樹林口、樟栳寮坪
三空泉庄	418	7.16	
小坪頂庄	32,825	5.37	

5-2

表格說明：檔案原有重量單位為清制的「擔」（約 100 斤），本表依據臺大數位人文中心開發的「度量衡單位轉換系統」換算為今日公制的公斤，並取到小數點第一位。

資料來源：「明治二十八年八月中淡水支廳行政事務及管內概況報告（臺北縣）」，《臺灣總督府及其附屬機構公文類纂》，國史館臺灣文獻館藏，乙種永久保存，24 冊，1895 年 9 月 9 日。

穀約有621,128公斤，每百公斤價格約三．八元；新莊仔庄每年收成米穀約139,788公斤，每百公斤價格約四．四元，約年收六百餘石；小坪頂每年收成約31,064公斤，每百公斤價格約三．九元。透過米穀與茶葉產值的對照，便可推知大屯山區的土地公埔、小坪頂等庄，茶葉產量皆高於米穀產量，顯見丘陵聚落多以生產茶葉為主。

再比較茶葉與稻米的價格記錄，可知大屯山區各地的米價差異不大，但各地茶價差異甚大，可見各地茶的生產品質仍有不小差距。同時，茶價遠高於米價，例如在土地公埔庄，每百公斤的茶葉價格，比稻米價格貴了三倍以上。由此可見，當時大屯山區西側的丘陵地帶，應多以經濟價值較高的茶葉為主要農產品。

沒有大屯山的茶葉調查

日本茶商關注臺茶的時間甚早，早在日本領臺前，日本茶商便開始進行臺茶的調查。根據許賢瑤的研究，一八八六年日商平尾喜壽曾受「中央茶業組合」之託，親赴淡水調查臺灣的茶業。隔年，又有一位出身日本靜岡的茶商藤江勝太郎，特別花了一年時間，來臺北學習烏龍茶製作。在一八九五年日本領臺後，日本茶商成為臺灣茶產業調查的主力，這位藤江勝太郎，便進入臺灣總督府任職，在大臺北地區展開茶產業調查工作。[5]

藤江勝太郎在一八九六與一八九八年，先後

5 許賢瑤，〈日本最早的臺灣茶業調查報告〉，《臺灣史料研究》四一期（二〇一三年六月），頁九五－一〇七。

6 「臺北縣擺接堡茶業調查報告」，收入〈明治二十九年十五年保存第十一卷〉，《臺灣總督府及其附屬機構公文類纂》，國史館臺灣文獻館，典藏號：00004508021；「臺北、新竹、臺中三縣茶業取調技手藤江勝太郎復命書」，收入〈明治三十一年永久保存追加第十卷〉，《臺灣總督府及其附屬機構公文類纂》，國史館臺灣文獻館，典藏號：00000324018。

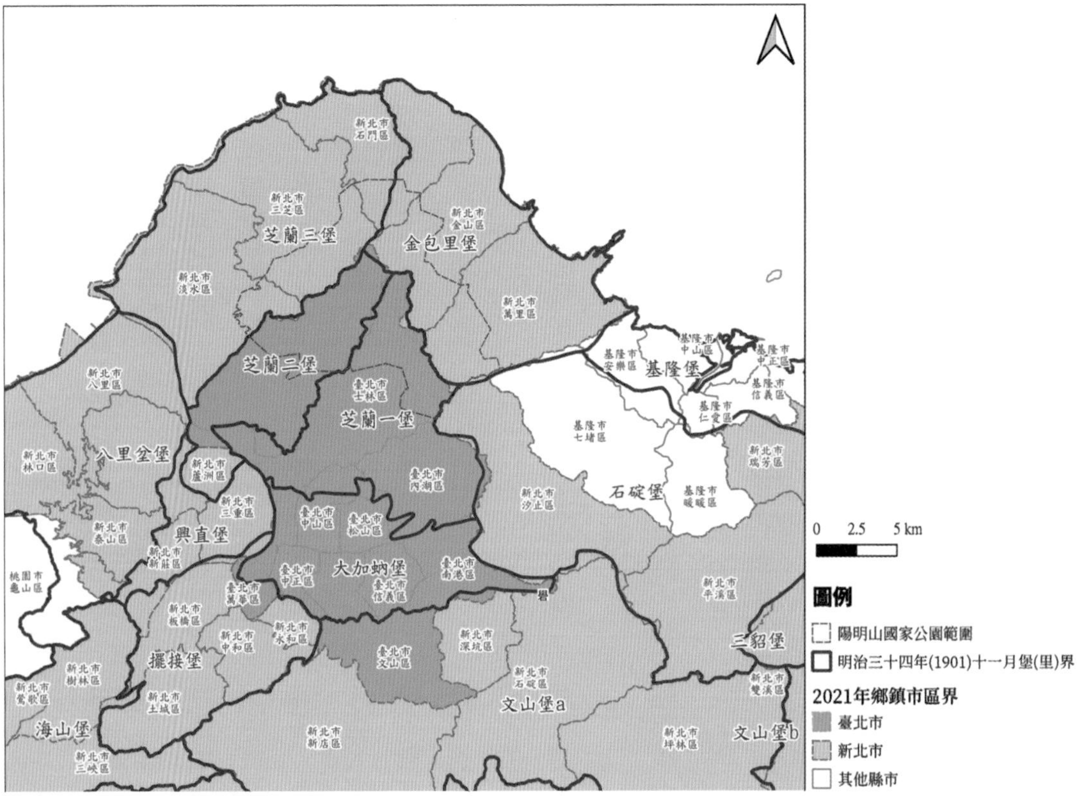

5-1

圖 5-1　1901 年與 2021 年臺灣北部行政區劃的對照。（劉玫宜重繪）

資料來源：改繪自臨時臺灣土地調查局，《臺灣堡圖》，臺北：臺灣日日新報社，1904 年。

提交〈臺北縣擺接堡茶業〉與〈臺北外二縣下茶業〉兩份報告，詳述日本領臺前臺灣北部的茶產業發展情形。[6]根據藤江的調查，臺北地區（今臺北市與新北市）茶葉產地散布於擺接堡、文山堡、桃澗堡、海山堡、石碇堡、八里坌堡等地，可說遍及今日臺北、新北、桃園市的丘陵地區，其中，又以文山堡（約今文山區）的產量最高。

不過，儘管藤江的報告相當詳細，但或許是當時簡大獅等抗日勢力活躍於大屯山地區，導致藤江在報告中以芝蘭堡（約今淡水、三芝、石門區）、金包里堡（約今新北市金山萬里區）的產值較低為由，未於大屯山地區進行茶葉調查，我們也無法從這份調查中，找到有關大屯山區茶產業的歷史線索。結果讓人有些意外，目前被認為日治初期最為詳盡的臺北地區茶產業調查，竟然漏掉了大屯山區。

地權與茶葉調查

從清代的情況可知，大屯山區並非沒有茶產業的發展。一八九九年起，「臨時臺灣土地調查局」開始進入大屯山區進行地權調查，調查員的報告清楚提及：大屯山區的山岳連亙，平地稀少且缺乏水利，開墾不易，但土質適合種植茶樹，故茶園頗多。尤其是芝蘭三堡，在淡水、三芝一帶至少有一千五百甲

7 「七月上半期分遭遇事分及監督事項報告（芝蘭三堡及八里坌堡ノ分）」，收入《明治三十二年永久保存第二十四卷》，《臺灣總督府及其附屬機構公文類纂》，國史館臺灣文獻館，典藏號：00004217042；「芝蘭三堡第一派出所調查完結報告」，收入《明治三十三年永久保存第二十七卷》，《臺灣總督府及其附屬機構公文類纂》，國史館臺灣文獻館，典藏號：00004220011。

左右的茶園，集中於土地公埔庄、新庄仔庄、蕃薯寮庄、錫板庄、後厝庄等處（今約三芝區福德、興華、錫板、後厝里；淡水區蕃薯里、中和里等）。[7]這個結果也與數年前淡水支廳長大久保利武的調查相近，顯示十九世紀末大屯山區各處聚落多以茶產業為主要經濟活動。

一九〇〇年時，土地調查團隊回報芝蘭一堡的雙溪、坪頂、菁礐、公館地、永福、三角埔、東勢、石角，七股庄都有茶園（約今士林區溪山、平等、公館、東山、菁山里）。[8]調查員在視察後也提及，七星山一帶的七股庄（今士林區菁山里）皆為險峻的山地，雖有開發但土地貧瘠，收成不定，除了二十甲水田外，也有茶園在山頂、山後一帶。

調查團隊在芝蘭二堡的報告，接著提到與七股庄接鄰的鹿角坑（今北投區湖田里）等處，也有一些茶園，特別是竹子湖一帶。除了田園較多外，茶園亦散布其中。[9]由此可見，除了大屯山區東南側較低海拔的丘陵地區外，在較高海拔的七星山北側的馬槽溪、鹿角坑溪的山谷中，也能找得到茶園。

在芝蘭三堡的報告中，調查團隊指出山間茶園頗多，茶農亦於山頂開墾，栽培茶樹。特別是土地公埔庄、新庄仔庄、蕃薯寮庄、錫板庄、后厝庄（今約三芝區福德、興華、錫板、後厝里；淡水區蕃薯里、中和里等）的茶園甚多，其他各庄也有一些茶園，如小坪頂庄約有五十甲茶園。[10]至於石門、老梅二庄（今石門區老梅、山溪、石門、乾華里），在山頂、山間也約有數百甲茶埔存在，不過有些因茶欉枯死或荒廢，未能確認係茶園或地瓜園。[11]

此外，調查員指出，石門一帶的茶葉常受海風之侵害，摘採的時間不定，其採收量少，茶葉也多是茶農自製的粗製茶，產值甚低，有時甚至無法達到收支平衡，茶園的土地價值多半不高，地主僅收少量地租而已。[12]至於小基隆庄內的新大坑、橫山、陳厝坑、埔頭坑（約今三芝區埔坪、茂長、橫山里），過往雖曾於林木間開闢茶園，惟因地形陡斜，不出數年，水土保持不佳，茶欉多已枯死。[13]

從上述的調查可知，芝蘭三堡是大屯山區茶產業的重要產區，在淡水、三芝一帶多有茶園，但東北側近海的石門一帶，受到自然環境的限制，茶產業的發展較為困難。也就是說，石門一帶的茶產業，主要是進入二十世紀以後的發展，阿里磅等茶業公司的興起，實係日治時期大屯山區茶產業變化的結果。

在金包里堡的調查中，調查團隊也注意到自

8「茶園調查方ニ關シ照會（芝蘭一堡第一派出所）」，收入《臺灣總督府及其附屬機構公文類纂》，國史館臺灣文獻館，典藏號 00004234011。

9「包里堡外二堡交界線附近山地ノ實地踏查復命書」，收入《臺灣總督府及其附屬機構公文類纂》，國史館臺灣文獻館，典藏號 00004218024。

10「芝蘭三堡第一派出所調查完結報告」，收入《臺灣總督府及其附屬機構公文類纂》，國史館臺灣文獻館，典藏號 00004220011。

11「芝蘭三堡、金包里堡、三貂堡各派出所事項報告」，收入《臺灣總督府及其附屬機構公文類纂》，國史館臺灣文獻館，典藏號 00004222066。

12「芝蘭三堡、金包里堡、三貂堡各派出所事項報告」，收入《臺灣總督府及其附屬機構公文類纂》，國史館臺灣文獻館，典藏號 00004222066。

13「茶園調查ノ義伺（芝蘭三堡第二派出所）」收入《臺灣總督府及其附屬機構公文類纂》，國史館臺灣文獻館，典藏號 00004234012；「金包里堡派出所調查結了報告」，收入《臺灣總督府及其附屬機構公文類纂》，國史館臺灣文獻館，典藏號 00004220013。

5-2

圖 5-2 面海的石門區昔日便有茶園，現址後來規畫成茶山步道。（里昂紅攝影工作室攝）

然環境與產業發展的問題，他們在頂中股、頂角（今金山區）、頂萬里加投（今石門區）都發現茶園，可是這些茶園多因表土流失，導致枝幹受損，於酷熱夏天時便難以生長，即使特別施予肥料，十幾年後還是因為土壤流失、地力耗盡，茶園只能荒廢。

依照茶農提供的資料，金包里當地最好的茶園每甲收成的茶葉，約可賣得75.17元，扣掉成本50.92元（摘茶15.12元、工人伙食十元、烘焙十元、木炭五元、割草二元、山租四元、稅金四・八〇元），每年約可獲利24.25元。[14]據調查團隊所言，當地茶農的獲利其實並不算好，這是因為十九世紀當地茶價曾大幅下跌，且更次等的茶園獲利更差。

整體來說，大約十九世紀末，大屯山區主要的茶產區集中於芝蘭一堡、三堡，即今日臺北市的士林區與新北市的淡水、三芝區，這些地區茶園的產值有一定水準。不過，金包里堡內的石門、金山、萬里區一帶，則深受自然環境與茶園水土保持問題影響，茶產業的產值相對較不穩定。

大屯山區的生產調查

與土地調查幾乎同時展開的，還有「臨時臺灣舊慣調查會」的經濟調查事業。一九〇〇年，「臨時臺灣舊慣調查會」的經濟部門，初步完成了全島茶葉生產的調查報告，這份調查報告有關大屯山區茶產業的記錄，請見表5—3。

14「金包里堡派出所調查結了報告」，收入《臺灣總督府及其附屬機構公文類纂》，國史館臺灣文獻館，典藏號00004220013。

表 5-3　1900 年大屯山區粗製茶戶數、茶園面積、粗製茶產量

行政區	堡甲區域	製茶戶數	茶園面積（甲）	粗製茶產量（公斤）
臺北廳	大加蚋堡	202	77.0	30,540
	芝蘭一堡	320	238.3	112,788
	芝蘭二堡	65	384.2	38,803
	擺接堡	448	363.4	344,919
	芝蘭三堡	893	2,068.0	796,369
	八里坌堡	2,420	5,209.0	2,007,050
	小計	4,348	8,339.9	3,330,470
基隆廳	基隆堡	365	195.0	38,042
	金包里堡	542	764.0	155,013
	三貂堡	1,150	823.6	167,083
	石碇堡	2,608	2558.0	624,405
	小計	4,665	4,340.6	984,543
全島總計		20,174	27,411.6	10,353,617

5-3

表格說明：原資料單位重量為清代的斤，本表依照國立臺灣大學數位人文中心的度量衡換算系統，全部換算為公斤呈現（1: 0.596816），並四捨五入取至整數。

資料來源：臨時臺灣舊慣調查會編，《臨時臺灣舊慣調查會第二部調查經濟資料報告（上卷）》，臺北：臨時臺灣舊慣調查會，1905 年，頁 58-62。

依據表5–3的數據可知，二十世紀初全臺共有20,174製茶戶，茶園總面積為27411.6甲，每年的粗製茶產量約為10,353,617公斤，平均每甲茶園約可生產三百七十八公斤茶葉。那麼，屬於大屯山區範圍的芝蘭一堡、芝蘭二堡、芝蘭三堡、金包堡里，茶園面積有3,454.5甲，占全臺茶園面積的17.12%，每年產量則為1,102,973公斤，占全臺產量的10.65%，平均每甲茶園約可生產三百一十九公斤的粗製茶，略低於全島的單位產量。這份調查報告，是官方首次完整掌握大屯山區茶葉生產概況的記錄，透過記錄，我們也能進一步觀察大屯山區茶產業概況。

平均而言，二十世紀初大屯山區的茶葉不論產量或產值，較其他區域稍低一些。但是，分析各地的生產數據，便能發現其實各區域的茶葉產值差異甚大，我們可分成三個區域來說明：

（一）西側的芝蘭三堡（約今淡水、三芝、石門區），因較早發展茶產業，地形也較適宜開闢茶園，故開發了較多的茶園，總產量最高，約占大屯山區茶葉總產量的72.20%。每甲茶園可生產三百八十五公斤的粗製茶，略高於全島平均值，顯見淡水、三芝一帶在日人的調查前，已發展出不小規模的茶產業，茶葉亦有一定品質。

由於大屯山區西側緊鄰淡水港，係北臺灣茶葉出口的主要貿易港口，相較於其他丘陵地區，與貿易港口的往來更為便利。故可推估大屯山的西側丘陵地區，應是較早發展茶產業的區域，規模也較大，特別是淡水、三芝的丘陵間，多已開闢為茶園。

（二）東南側的芝蘭一堡（約今士林區），每甲茶園可生產473公斤，更是較全島平均值高出了一．二五倍，可見大屯山東南側一帶的茶園，雖總產量不算多，但已走向精緻化的生產，單位產量高於其他地區。

（三）東北側的金包里與西南側的芝蘭二堡（約金山、萬里區以及北投區），茶葉產值顯然遠較其他地方來得低，平均每甲茶園分別僅能生產203、101公斤粗製茶。

透過這三個區域的比較與觀察，我們便能確知大屯山區西側的芝蘭一、三堡，有不少適合種植茶樹的區域，也有一定的生產技術，故茶葉產值可高於全島平均值。芝蘭二堡、金包里的產值較低，或因地形與產業發展不佳的影響。當地確有不少茶園，但就全島茶產業的情況來比較，產值確實是偏低。

調查報告與產業危機

「臨時臺灣舊慣調查會」完成茶產業的初步調查後，也依據調查結果，針對茶產業發展提出三點觀察：

（一）茶樹種植技術不佳。臺灣茶園較不注意耕耘、施肥等栽種技術，茶樹種植株數的數量不足，類似原始粗放的種植模式。特別是茶樹天然雜交所生的蒔茶比例過高，反倒未能保存優良茶種。甚至，茶農對於相關知識的了解也不夠。例如，有些茶農有「施肥會導致茶葉風味不佳」的迷思等。這些種植技術的問題，往往導致茶樹在經過七、八年的自然繁盛期後，產量便逐漸下滑，加上茶園的水土保持不良，最終使得茶園不得不走向荒廢。[15]

5-3

圖 5-3 日治時期石門的茶園景觀

資料來源：〈茶園狀況ノ一部（石門庄石門）〉，《費邁克集藏》（3MHF），中研院臺史所檔案館數位典藏，識別號：T020302_03_0347。

15 臨時臺灣舊慣調查會編，《臨時臺灣舊慣調查會第二部調查經濟資料報告 上卷》（臺北：同編者，一九〇五年），頁六五—六六。

（二）茶葉加工製程亟待改善。臺灣茶葉的製作，無論是粗製茶或精製茶，都以手工製造為主，不僅成本較高，效率也較為低落，加工過程更可能對茶葉造成汙染。[16]同時，茶葉的交易更是為人詬病，從茶葉產地到港口的輸出，往往得經過茶販、稱腳（茶農與茶商間的仲介之一）、茶棧、茶館、買辦、洋行等層層剝削，徒增許多額外成本，這也不利於臺灣茶葉的輸出與競爭。[17]

（三）外銷市場的單一化。由於當時臺灣茶產業主要外銷產品為烏龍茶和包種茶，但這兩項茶品都高度集中於特定國家的市場。例如美國與加拿大占臺灣烏龍茶外銷量高達九成，[18]爪哇則占臺灣包種茶外銷量將近八成。[19]過度依賴單一市場的情況下，一旦市場價格發生波動，臺灣茶產業的出口經濟便會大受打擊。

上述三項觀察，雖攸關臺灣茶產業的發展，但皆屬於臺灣茶產業過去發展三十多年所累積的長期問題，短時間內不易處理。

因此，臺灣總督府除了透過稅制和法規的訂定，來維持臺灣茶業基本的經營秩序；也在一九〇一年設立「茶樹栽培試驗場」，期望透過科學化的研究，找出能夠促進臺灣茶業發展的技術。[20]一九〇三年，又於今日桃園楊梅設立「安平鎮製茶試驗場」，為全臺灣最早的機械化製茶工場，並開放製茶業者前來參觀機械化的製茶過程。[21]並於一九一〇年改制「安平鎮茶樹栽培試驗場」，增加茶樹品種的研究項目。

從現在的眼光來看，日本領臺初期的調查報告，可說預見了臺灣茶產業接下來的危機，至於透過調查報告所建立的研究單位，則成為往後因應產業轉型的重要基地。

調查結束後的十餘年間，臺灣茶產業便於一九一〇年代晚期，遭遇商品滯銷的重大危機，原本作為外銷主力商品的烏龍茶大受打擊。一方面，烏龍茶因受到印度、錫蘭等地茶葉的競爭，失去了美國市場，使得烏龍茶外銷量大為崩跌。在一九一〇年代平均可維持七百至九百萬公斤的輸出量，到了一九二〇年時迅速跌至二百八十九萬公斤，僅有往年的三分之一左右，顯見臺灣的烏龍茶不如過往受到歡迎。另一方面，一九一〇年代新興的包種茶，即使曾因荷蘭禁止輸往印尼受挫，但仍在臺灣島內日漸興起，成為主力商品之一，導致烏龍茶受到排擠，也降低了茶葉品質，出口競爭力大為下降。[22]

面對產業的危機，當時不僅茶商公會向臺灣

16 藤江勝太郎，〈臺北外ニ縣下茶業〉，《臺灣總督府民政局殖產部報文第二卷第二冊》（臺北：臺灣總督府民政部殖產課，一八九九年），頁二七三。

17 臨時臺灣舊慣調查會編，《臨時臺灣舊慣調查會第二部調查經濟資料報告上卷》（臺北：同編者，一九〇五年），頁八二—九一。

18 「製茶稅廢止請願ニ對スル意見上下編技手藤江勝太郎提出」，收入《明治三十三年乙種永久保存第十六卷》，《臺灣總督府及其附屬機構公文類纂》，國史館臺灣文獻館，典藏號：00000502015。

19 藤江勝太郎，〈臺灣包種茶〉，《臺灣總督府民政局殖產部報文第一卷》（臺北：臺灣總督府民政局殖產課，一八九八年），頁一三—一九。

20 邱顯明，〈日治時期臺灣茶業改良之研究〉（臺中：國立中央大學歷史研究所碩士論文，二〇〇四年），頁三〇—四〇。

21 臺灣總督府殖產局，《臺灣總督府製茶試驗場事業概況》（臺北：臺灣總督府殖產局，一九〇八年），頁一六—一七。

22 陳慈玉，《臺北縣茶業發展史》（新北：臺北縣立文化中心，一九九四年），頁二八—二九；河原林直人，〈大正時間臺灣與南洋的經濟關係——南洋華僑與臺灣包種茶〉，《臺灣重層近代化論文集》（臺北：播種者，二〇〇〇年），頁二九四—二九六。

總督府陳情，大屯山區的三芝庄長戴賢廷也感嘆地方製茶之粗劣，大聲疾呼求其改善，顯見民間茶農、茶商也期待官方出面協助調整生產結構，因應市場需求。[23]於是，臺灣總督府轉趨積極協助茶產業的轉型，透過各類產業改良計劃，提昇臺灣茶葉的品質與競爭力，重建臺灣茶產業的貿易網絡。

調查後的改良計劃

為了因應臺灣茶產業的危機，臺灣總督府在一九一八年提出「臺灣茶業獎勵計劃」，預計以十年、總經費一七〇餘萬元，改善臺灣茶產業生產結構。

這項計劃主要基於過往的調查經驗，特別針對茶園生產事宜，提出兩項獎勵要點：（一）鼓勵舊有茶農及製茶業者合資組成製茶會社或產業組合，茶園達一百甲以上者列為乙種，一百五十甲以上則列為甲種，由官方分別提供或補助新式的製茶機械。（二）針對新成立的茶園或者有意進行茶園更新、擴張的業者，提供優良品種茶苗或補助茶苗費，並給予既成茶園三年的肥料費，每年每甲補貼二十元。[24]

從這兩項獎勵要點來看，臺灣總督府的產業升級計劃，重點在於改善臺灣茶農及製茶業者太過零散的問題，希望能透過茶農與製茶業者合併為規模較大的產業組合，除了集中資本、添購新式機械設備，也能讓茶葉從產地到加工形成完整的產業鏈，促進生產效率。[25]於是，獎勵計劃施行期間，臺灣總督府一方面推動各地整合茶葉生產單位，讓各地紛紛出現臺灣人成立的茶業公司、茶業組合等商業組織，另一方面，總督府的製茶試驗所，更積極推動新式製茶技術與流程的改革，例如施肥方式、剪枝技術等知識推廣。

一九二三年後，總督府參考試驗場多年下來的茶樹品種實驗，又選出了青心烏龍、大葉烏龍、青心大冇、硬枝紅心四大優良品種，更加以獎勵推廣，往後這四種茶種，也成為北臺灣茶園最普遍選用的茶種。[26]除了生產以外，臺灣總督府在一九二三年也於大稻埕設立「臺灣茶共同販賣所」，做為官方主持的茶葉交易中心，茶農或製茶會社可在此直接將粗製茶拍賣給茶商，免去中間茶販仲介的剝削，讓茶業生產者的獲利大為提升。[27]

就在同一年，總督府亦制定「臺灣茶檢查規則」，並同樣於大稻埕設立「臺灣茶檢查所」，用以控管臺灣茶業的輸出品質，杜絕不良茶葉輸出破壞臺灣茶的市場商譽。[28]截至一九三四年，臺灣茶業獎勵計劃共促成二百一十一個茶業組合成立，配付優良種茶苗約一億一千一百七十五萬株，[29]加上「臺灣茶共同販賣所」的設立，以及科學化、機械化製茶技術的推廣，相當程度改變了臺灣茶產業的樣貌，也讓臺灣茶產業順利升級，

23 許賢瑤編譯，《日治時代茶商公會業務成績報告書（1917—1944）》（臺北：國史館，二〇〇八年），頁十、五七。

24 田阪千助，〈臺灣茶業獎勵に就て（上）〉，《臺灣日日新報》，一九一九年三月四日。

25 田阪千助，〈茶業組織と取引方法の改善〉，《臺灣時報》（一九二〇年十二月），頁一一—一六。

26 臺灣總督府殖產局特產課，《臺灣茶業要覽》（臺北：臺灣總督府殖產局特產課，一九三七年），頁三—八。

27 〈臺灣茶共同販賣所の設立〉，《臺灣時報》（一九二三年七月），頁一三四—一三六。

28 〈製茶檢查開始　本日午前八時から〉，《臺灣日日新報》，一九二三年六月十日。

29 臺灣總督府殖產局特產課，《熱帶產業調查書——臺灣茶ニ關スル調查》（臺北：臺灣總督府殖產局特產課，一九三五年），頁九二。

克服產業危機。

大屯山區的產業成績

日本領臺後，各類調查事業與改革計劃的進行，讓官方得具體掌握臺灣茶產業的情況，因此，日治時期各地方政府出版的方志，也有更詳細的數據，得以說明茶產業的發展成績，例如一九三〇年間，以「郡」為單位陸續出版的《要覽》（方志），便有各地茶產業的產值記錄。

為了說明各地茶產業的發展，我們利用淡水郡、基隆郡與七星郡役所出版的《要覽》，整理各地產業成績來說明，請見表5-4。

依照表5-4的內容，若大略以一九三二年為基準（北投庄採一九三六年），可知當時大屯山區約有三千七百甲的茶園。在進一步對照一九〇〇年舊慣調查的數據（表5-3），則可推知茶園增加了二百四十五．五甲，分布範圍則是從過往西側的淡水、三芝及東南側的士林，往東北擴張到了石門、金山、萬里，可說整個大屯山區周圍皆有茶園。各區域的細部發展，再分為下列三點說明：

（一）芝蘭三堡的變化：當時同屬淡水郡的淡水街、三芝、石門庄，過去是芝蘭三堡的範圍，一九〇〇年的產業調查顯示，這裡的茶葉產值在產量、價格上，都有不錯的表現。從表5-4的內容來看，一九三〇年代初期，最主要茶產區仍是三芝庄，茶園面積與產量皆最多，當時每百公斤茶葉平均約可售11.57元。[30]過往也是茶葉產區的淡水街，此時似乎並無更多發展，整體產量反而落於二十世紀初茶園荒廢甚多的石門庄。

由此可見，一九三〇年代初期，大屯山西側茶葉產區有些變化，原本的淡水、三芝雖仍是茶葉產區，但石門庄新興的茶葉產區，在茶園面積與生產量部分，已超過淡水街茶園，且總產值也超過產量最高的三芝庄。換言之，一九二〇年代茶產業升級過程中，過往產業狀況較差的石門庄，反倒躍居成為大屯山西側最受市場歡迎的茶葉產區。

（二）金包里堡的變化：同屬基隆郡的金山、萬里庄，過去是金包里堡的範圍，一九〇〇年的產業調查顯示，這裡的茶葉產值較低。從表5-4的內容來看，一九二〇年代的產業升級過程中，金山、萬里一帶的茶產業也漸有一定的產值與規模。其中，金山庄又以春、夏、秋茶為主，冬茶較少。萬里庄的茶葉，以春茶最多，夏、秋也有，冬茶則完全沒有。[31]儘管大屯山區東北側的茶葉產值仍低於西側，但較過去已有成長，亦為大屯山區新興的茶葉產區。

（三）芝蘭一堡的變化：同屬七星郡的士林街、北投庄，過去是芝蘭一堡的範圍，一九〇〇年的產業調查顯示，當地產量雖不多，但價格較佳。從表5-4的內容來看，這一帶的茶葉產量仍然不高，顯示一九二〇年代的產業升級過程中，當地或許受限於自然環境限制，應無擴增更多茶園。

30 三芝庄役場編，《三芝庄要覽》（新北：同編者，一九三〇年），頁二六。書中寫道每石價值為一一．五六元，然根據書中數據實際計算，每石價值應為一一．五七元。

31 基隆郡役所編，《基隆郡勢要覽》（基隆：基隆郡役所，一九三三年十二月），頁三七。

表 5-4　日治時期大屯山區各地的茶葉產量

街庄	年代	茶園面積（甲）	茶葉產量（公斤）	總產值（元）
淡水街	1929 年	581	166,984	57,613
	1932 年	589	99,888	16,236
三芝庄	1929 年			
	1932 年	1,372	165,467	31,920
石門庄	1929 年	803	279,210	173,886
	1932 年	829	268,950	69,703
金山庄	1932 年	380	29,700	5,476
	1934 年	394	70,164	41,182
萬里庄	1928 年	125	11,782	8,479
	1932 年	262	165,467	4,503
士林街	1932 年	182	17,940	---
	1936 年	124	23,040	---
北投庄	1928 年	146	19,560	8,479
	1936 年	86	13,260	4,503

產業升級影響較大的，應是種植與製茶技術的提升。以士林街來說，儘管一九三四至一九三六年間，當地茶園面積下降，但產量卻從17,940公斤增加至23,046公斤。成長了28.43％。北投庄的情況也很類似，儘管茶園面積與產量下跌不少，但單位產量約由每甲一百三十四公斤增加至一百五十四公斤。由此可見，大屯山東南側的茶園，在一九三〇年代雖未增加，可是在產業升級的過程中，產量則因技術改良而有所成長。可以推想的是，這裡的茶葉（特別是士林街的坪頂一帶）應仍維持著不錯的價格。

紅茶事業的契機

臺灣茶產業原本以烏龍茶及包種茶為主要兩項產品，但臺灣總督府亦相當關注國際市場上深受歡迎的紅茶，故一九〇三年製茶試

5-4

表格說明：

1. 各郡要覽編寫時間雖近，但具體時間仍有落差，無法依時間來對照呈現。
2. 為使不同年代的比較較為清楚，表格數字皆四捨五入取至整數。

資料來源：

1. 淡水郡役所，《淡水郡管內要覽》（臺北：淡水郡，1930年，頁73-74）。
2. 淡水郡役所，《淡水郡勢要覽》，（臺北：淡水郡，1934年，頁42）。
3. 基隆郡役所，《基隆郡勢要覽》，（基隆：基隆郡，1933年，頁37）。
4. 金山庄役場，《基隆郡金山庄勢一覽》，（基隆：金山庄，1936年）。
5. 七星郡役所，《七星郡要覽（昭和九年）》，（臺北：七星郡，1934年，頁38-39）。
6. 七星郡役所，《七星郡要覽（昭和十三年）》，（臺北：七星郡，1938年，頁45）。

5-5 | 5-4
5-6

圖 5-4、5-5　日治早期臺灣主要的外銷茶為烏龍茶與包種茶，歷經明治晚期日本總督府在臺扶植日本臺灣茶株式會社（1908），以及昭和初年三井合名會社的海外紅茶商品取得銷售佳績，才吸引臺灣製茶業者紛紛投入紅茶事業的生產。當時的茶商宣傳海報會標示「台灣紅茶」、「台灣烏龍茶」、「臺灣茶」、Formosa Tea 等中英日字詞，並且透過身穿和服及身穿旗袍的婦女，使用西式茶具來呈現東亞產地及新興茶飲文化。（廖珮蓉繪）

資料來源：參考黃馨儀，〈日治時期台灣紅茶文化研究——以三井合名會社為例〉（臺北：國立臺北大學人文學院民俗藝術研究所碩士論文，2007 年）。

圖 5-6　在當時報章雜誌或者是海外三井茶葉廣告中，可見標示著「三井紅茶」以及井字型家徽的鐵茶罐。1933 年後三井設立日東紅茶商標，改換茶罐包裝，建立市場區隔，並強化紅茶在國內海外的品牌印象，與英國立頓紅茶分庭抗禮的日東紅茶，逐漸成為日臺兩地熟知的茶葉品牌。（Agathe Xu 繪）

資料來源：參考黃馨儀，〈日治時期台灣紅茶文化研究——以三井合名會社為例〉（臺北：國立臺北大學人文學院民俗藝術研究所碩士論文，2007 年）。

驗場設立時，便開始進行紅茶的研發。到了一九〇六至一九〇八年，試驗場出品的紅茶便曾至俄國及土耳其試賣，取得不錯的成績，臺灣總督府遂於一九一〇年扶植「日本臺灣茶株式會社」，在臺灣投入紅茶生產，惟紅茶事業初期的發展並不順利。

直到一九二八年，由「三井合名會社」（今農林公司）生產的臺灣紅茶，才順利打入倫敦市場，讓臺灣的紅茶製造事業有了轉機。[32]當時，「三井合名會社」在臺北州至新竹州一帶之番地兼辦造林，開闢茶園、設製茶工場於角板山、大豹、大寮、龜山、礦窟、乾溝、三叉、銅鑼灣等處（約今新北市三峽區；桃園市復興區、龜山區；苗栗縣三義、銅鑼鄉等），一九三〇年時茶園面積已達三千甲以上。[33]也就是說，臺灣紅茶事業的發展，來自於日本三井財團在臺灣投入製茶事業，而三井財團不僅投入生產，也掌握了後續的海外銷售管道。

一九三三年後，由於世界主要紅茶產地協議減產來維持價格，結果反而讓臺灣紅茶有了發展的契機，隔年臺灣紅茶的輸出量便較過去大漲了四倍，出口量高達 3,296,532 公斤。[34]為了說明一九三〇年代臺灣各類茶品生產狀況的變化，我們將臺灣全島製茶數量的變化，整理如下表5-5來呈現紅茶事業興起的情形。

32 大野四郎，〈臺灣紅茶の現在と將來〉，《臺灣時報》（一九三三年七月），頁七〇。

33 《臺灣茶業調查書》（臺北：臺灣總督府殖產局特產課，一九三〇年），（中譯頁二一〇、二六四）〈臺灣ニ於ケル三井合名會社ノ製茶事業概要〉（國立臺灣圖書館編目為《三井の茶業》，一九三六年三井臺灣出張所寄贈臺灣總督府圖書館）。

34 臺灣總督府殖產局，《臺灣茶業統計》（臺北：臺灣總督府殖產局特產課，一九四〇年），頁二八—二九。

表 5-5　1930 年代臺灣製茶情況

各年度製茶情況		烏龍茶	包種茶	紅茶	綠茶	總計
1932	產量（公斤）	7,134,756	3,988,119	871,780	12,570	12,007,225
	產值（元）	1,798,280	2,071,509	477,090	5,543	4,352,422
1933	產量（公斤）	6,351,351	5,256,617	1,477,475	14,200	13,099,643
	產值（元）	2,055,395	1,809,039	773,496	5,940	4,643,870
1934	產量（公斤）	5,292,394	5,666,233	6,021,460	16,500	16,996,587
	產值（元）	3,562,301	3,074,987	4,250,395	6,600	10,894,283
1935	產量（公斤）	5,280,031	5,685,480	5,489,728	13,003	16,468,242
	產值（元）	3,538,321	3,086,095	3,963,690	5,553	10,593,659
1936	產量（公斤）	5,049,374	5,922,543	6,508,356	5,510	17,485,783
	產值（元）	3,571,499	3,394,359	4,517,631	2,490	11,486,009
1937	產量（公斤）	3,487,008	4,904,582	10,561,646	1,000	18,954,536
	產值（元）	2,870,562	3,162,587	7,417,475	1,000	13,451,624

資料來源：臺灣總督府殖產局，《臺灣茶業統計》（臺北：臺灣總督府殖產局特產課，一九四〇年），頁 26-27。

由表5–5可知，一九三〇年代是日治時期臺灣茶產業非常興盛的階段，除了烏龍茶產量銳減一半以上外，包種茶與紅茶的產量都有成長。包種茶藉由本地商人與華僑商人的合作，販售於東南亞等地。紅茶則是在臺灣官方與三井會社的主導下，販售至歐美等市場。

其中，值得注意的變化，是紅茶產量的大幅增加，來自於臺灣各地茶商的投入。因為一九三二年時，紅茶製造商以「三井合名會社」為主，當時每年產量約僅八十七萬公斤左右，但接下來的五年裡，臺灣紅茶卻是快速成長了十二倍以上，每年可生產一千萬公斤以上的紅茶。這樣的成長幅度，顯然不會只是單純來自「三井合名會社」的增產，應該是當時多數臺灣人的茶業公司，也開始投入紅茶事業，才能讓紅茶產量迅速暴增。紅茶事業的興起，對於臺灣茶產業帶來了新的發展契機（大屯山區紅茶事業，請見第四章說明）。

一九三〇年代紅茶事業的榮景，還是難逃第二次世界大戰的影響，日本與歐美之間的戰事加劇，導致臺灣茶葉外銷歐美市場的管道中斷，外銷大受影響。等到日軍控制東南亞的茶葉產地後，臺灣茶更一度被視為「過剩物資」。甚至，有官員認為至少應將一萬甲的茶園轉換為其他更重要的作物，來因應戰爭的局勢。[35]隨著戰爭局勢的緊張，臺灣總督府於一九四三年十月發布「臺灣決戰勢態強化方策」，宣佈以糧食生產為最優先目標，茶葉則被視為「不急作物」，原有的茶園需視情況轉耕稻米、地瓜、甘蔗等作物。因為，稻米、地瓜可作為糧食作物，補充糧食不足

35 松野孝一，〈南方共榮圈と臺灣茶業〉，《臺灣戰時食糧問題》（臺北：臺灣經濟出版社，一九四三年），頁七五—七六。

的問題，甘蔗則可製作生質酒精，屬於戰爭時的重要軍事物資。[36]於是，臺灣茶產業在一九四〇年代出現新的衰退危機，茶園面積與產量都較往年下降不少（表5–6）。

根據表5–6可知，臺灣茶產業在一九四二年間，開始因戰爭而出現衰退現象，到了一九四五年時，整體製茶產量僅剩原有的十二%左右，茶園面積減少外，收穫面積更僅剩過往的四二%左右，顯見茶園多有廢耕。所幸，戰火影響茶產業的時間不長，一九四五年日本戰敗投降後，臺灣茶產業雖不免捲入戰後中國大陸政治與經濟的動盪，但仍很快恢復一定產值，成為臺灣對外出口的經濟商品之一。

戰後茶產業調查的延續

一九四五年中華民國政府接收臺灣，並成立行政長官公署，建立對臺灣的統治。隔年，行政長官公署即完成日治時期各項統計數據的整理，作為後續施政之參考，其中也包括歷年來茶產業的發展與變遷（如表5–6）。但隨後政治與經濟局勢的動盪，官方終未能持續調查臺灣茶產業之發展，直到一九五一年，臺灣省農林廳（今行政院農業委員會農糧署的前身）才又恢復茶產業的調查工作，並依照當時的行政範圍，記錄各鄉鎮的茶園面積、茶樹品種等產業概況。我們將這份戰後最早的茶產業調查，整理出有關大屯山區的記錄，如表5–7所示。

由於這份調查報告並無臺北市士林、北投區的產業資料，僅能呈現大屯山區的淡水、三

36〈臺灣決戰態勢強化方策要綱〉，《臺灣日日新報》，一九四三年十月十九日。

表 5-6　二戰期間臺灣茶產量的變化情況（1937-1945 年）

時間	茶園面積（甲）	收穫面積（甲）	粗製茶總產量（公斤）	總產值（元）
1937	45,882	43,484	129,324	10,285,535
1938	45,842	43,364	131,022	9,179,285
1939	46,188	43,784	140,296	15,324,698
1940	47,055	44,359	116,847	16,948,389
1941	46,152	43,563	115,005	17,317,324
1942	44,166	41,675	115,855	17,359,750
1943	40,799	37,445	79,195	11,473,938
1944	36,199	30,941	42,825	7,634,373
1945	34,212	17,447	14,303	2,860,652

資料來源：臺灣行政長官公署，《臺灣省五十一年來統計》，臺北：行政長官公署，1946 年。

表 5-7　1952 年大屯山區各地的茶產業概況（面積單位：甲）

鄉鎮區域	茶園面積	各品種的栽種面積				
		青心大冇	青心烏龍	大葉烏龍	硬枝紅心	其他
淡水鎮	588.7	44.3	0.0	0.0	37.1	507.3
三芝鄉	1306.3	142.3	183.5	38.1	355.7	586.6
石門鄉	870.2	18.6	121.7	45.4	534.1	150.5
金山鄉	474.3	9.3	12.4	16.5	204.1	128.9
萬里鄉	237.1	94.9	118.6	13.4	94.9	18.6
合計	3476.5	309.3	436.1	113.4	1225.9	1391.9

資料來源：臺灣省政府農林廳，《臺灣茶園調查報告》，南投：臺灣省政府農林廳，1952 年。

芝、石門、金山、萬里的茶產業概況。從茶園面積來看，戰後大屯山區的茶產業仍延續一九三〇年代以來的樣貌，因為一九三二年淡水、三芝、金山、萬里茶園面積為3,432甲，一九五一年時茶園面積稍增加為3,476.5甲，顯見這二十年間茶產業並無太大變化。各地的茶園規模，三芝仍為大屯山區最主要的茶葉產區，石門次之，接著是淡水、金山、萬里。

在各品種的栽種面積上，淡水、三芝以其他品種最多，所謂的其他品種，亦即約以「蒔茶」為主的各類茶種，故大屯山西側的淡水、三芝，戰後仍保有清代以來的「蒔茶」栽培方式。日治時期新興茶產區的石門、金山、萬里，皆以硬枝紅心為主要栽種品種。其中，日治時期硬枝紅心主要為紅茶製作的品種，故石門、金山、萬里栽種的硬枝紅心，多與一九三〇年代紅茶事業的發展有關（一九六〇年代後則用於紅水烏龍等）。[37]

當時，臺北縣各品種茶葉的栽種比例，依序是：其他類三十%、青心烏龍二九%、青心大冇十七%、硬枝紅心十三%、大葉烏龍十%、阿薩姆一%。但大屯山區的情況，則是：其他類四十%、硬枝紅心三五%、青心烏龍十三%、青心大冇九%、大葉烏龍三%。對照來看，大屯山區茶園的硬枝紅心與「蒔茶」栽種比例，明顯高於其他地區，正好反映大屯山區仍保有清代「蒔茶」栽培與日治時期紅茶事業的歷史傳統，成為當地茶產業的特色。

37 關於硬枝紅心的製作變化，可參見二〇一二年石門區農會李兆杰先生的訪談內容：https://www.merit-times.com.tw/NewsPage.aspx?unid=256642（檢索日期：二〇二一年三月五日）。同時，草里製茶場的謝宜良先生也向筆者提及，石門地區以硬枝紅心為特色，而這些茶樹多採壓條方式繁衍，此亦即「蒔茶」的栽種方式。換言之，即使調查提及當地有許多「蒔茶」，這些「蒔茶」很可能也屬於硬枝紅心的品種。

一九六一年，臺灣省農林廳再次調查各地的茶產業概況，大致依照十年前的規劃，登載各地茶園面積、茶葉產量與各品種栽種面積等項目。這份調查中，有關大屯山區的茶產業概況則如表5-8所示。

從表5-8的內容可知，一九六一年後大屯山區茶產業維持成長，茶園面積從3,476.5甲增加至3,821.9甲，多了345.4甲，漲幅約十%左右。同時，在各品種的栽種上，除硬枝紅心略多一些外，原有的青心大冇、青心烏龍、大葉烏龍栽種面積減少，反倒是其他類茶種大幅增加，從1,391.9甲增加至2,115.4甲，多了723.5甲，漲幅約152%。其他類茶種的變化，我們可進一步觀察茶樹年齡，當時大屯山區茶樹年齡分布情形，如表5-9所示。

根據表5-9可知，大屯山區茶樹年齡在十年以下，有641.9甲的栽種面積，顯示這十年間大屯山區有近二成的茶園，都是以新茶種的茶樹為主。這些新茶樹雖也能利用舊有茶園種植，但推想應有更多種植在新開闢的茶園，換言之，一九六一年大屯山區茶園面積的增加，應多作為新茶種的種植，這也顯示二十世紀以來大屯山區茶產業雖保有過往的歷史傳統，卻也同時對應著時局的變化，不斷調整茶樹的栽種與生產。

一九五一與一九六一年的兩次茶園調查後，官方對於茶園的調查資料漸以產量為主，故較無延續性的調查資料，可以對照二十世紀以來的茶園發展。即使如此，我們仍然可以透過一九〇〇年以來的官方調查，了解大屯山區茶產業，約在一九三〇年代前後建立基礎後，經歷政治、經濟的變化，仍穩定發展至一九八〇年代，始受到工業化、都市化以

表 5-8 1961 年大屯山區各地的茶產業概況（單位面積：甲）

鄉鎮區域	茶園面積	茶葉產量（公斤）	各品種的栽種面積				
			青心大冇	青心烏龍	大葉烏龍	硬枝紅心	其他
淡水鎮	757.8	562,550	59.8	0.0	0.0	162.9	535.1
三芝鄉	1690.8	1,262,300	12.4	59.8	0.0	450.5	1147.5
石門鄉	969.1	398,182	50.5	115.5	0.0	468.6	334.6
金山鄉	309.3	131,627	43.9	55.6	2.0	127.6	80.2
萬里鄉	94.9	23,000	4.2	20.6	0.0	48.9	18.1
合計	3821.9	2,377,659	170.8	251.5	2.0	1258.5	2115.4

資料來源：臺灣省政府農林廳，《臺灣省茶園調查報告》，南投：臺灣省政府農林廳，1962 年。

表 5-9 1961 年大屯山區茶樹年齡分布情形（面積單位：甲）

鄉鎮區域	1-5年	6-10年	11-15年	16-20年	21-30年	31-40年	41-50年	51-60年	61年以上
淡水鎮	47.2	103.6	20.5	11.9	143.3	147.4	92.8	92.8	99.0
三芝鄉	84.7	197.8	84.3	52.0	173.4	362.7	206.2	154.7	374.9
石門鄉	28.3	83.0	49.2	22.4	144.4	156.4	82.5	144.3	258.6
金山鄉	9.1	52.4	26.5	6.3	89.9	19.7	10.3	20.6	74.6
萬里鄉	7.0	28.8	0.0	5.1	7.7	0.0	0.0	10.3	66.8

資料來源：臺灣省政府農林廳，《臺灣省茶園調查報告》，南投：臺灣省政府農林廳，1962 年。

及臺灣茶產業的南北消長，漸漸退出歷史的舞臺。

大尖茶業組合遺址／陳守泓攝

VI 走下歷史的舞臺

從十九世紀以來，臺灣茶產業有超過兩百年的繁榮，大屯山區茶產業也在好幾代人的努力下，開創了前所未有的榮景。這波景氣到了一九八〇年代，隨著臺灣經濟環境的變化，大屯山區的人文活動，漸漸從經濟作物的生產，轉向注重自然、生態的保育與旅遊。但茶產業在步下歷史的舞臺前，仍先有過一段黃金歲月，才從人們的視線中慢慢淡出。

戰後的外銷契機

臺灣茶產業雖曾於一九四〇年代，受到第二次世界大戰影響，紅茶事業亦隨日本在戰爭中失利而受挫。但臺灣的茶產業並未被擊倒，不到十年，茶產業在戰後初期政經環境不穩的局面下，仍迅速站穩腳步，打開新的外銷市場。

一九四五年二戰結束後，臺灣茶產業有了新的發展契機。當時，世界主要的紅茶產地：印度、錫蘭、爪哇等國，尚未能從戰爭前後的動盪局面中恢復，故當時沒有明顯受到戰火波及的臺灣紅茶，反倒有了生產上的優勢。儘管一九四五年臺茶出口量曾銳減至 28208 公斤，但隔年起便陸續恢復產量與出口，且於一九四九年時輸出高達 14,594,658 公斤的茶葉，恢復至日治時期臺茶輸出的規模。[1]原本在戰爭末期受挫的臺灣茶產業，很快便擺脫戰爭的陰影，邁向下一個產業的高峰時期。

戰後臺茶可以提高產量，亦得力於本地茶農、茶商與公部門的努力。一方面，民間茶商與茶農積極吸收新的技術，因應外銷需求開發商品，同時透過自身努力，拓展海外市場。[2]另一方面，公部門整併了日治時期的日資會社及其茶園。過去投入臺茶生產的日資會社，如三井、三菱、東橫等，其產業皆由中華民國政府接收，隨後交由臺灣農林公司（前三井）統一經營。各地茶園經營權的整合，有利於後續生產上的規劃。一九四六年臺茶取得外銷契機後，便得因應外銷需求，提高產量。[3]

一九五〇年代，臺灣茶的外銷也曾遭遇幾波挫折。例如，一九五五年印度、錫蘭茶出口產能恢復後，臺灣紅茶即受到打擊，外銷量暴跌五成，對紅茶事業影響甚鉅，多家茶商因此倒閉；一九五九年，北非摩洛哥等國引進中國、日本等地綠茶，使得綠茶出口也一度受到影響。[4]所幸，臺灣茶商靠著快速調整生產與出口策略，很快便穩定對外的銷量。從一九六五至一九八〇年這段期間，臺灣茶的生產與外銷皆邁向了高峰，平均每年出口達到兩千萬公斤左右，遠勝於過往的輸出量，成為戰後臺灣不可或缺的出口產品。[5]

戰後臺灣茶的蓬勃發展，得力於日本、北非、美國、歐洲與東南亞這五個主要市場的消費。當時，輸往日本產品主要為煎茶型的綠茶；輸往北非的主要產品為綠茶；輸往歐美的主要產品則是紅茶；輸往東南亞則是紅茶、包種茶以及少量烏龍茶。[6]每年的出口情況，則

1 陳慈玉，《臺北縣茶業發展史》（析北：臺北縣立文化中心，一九九四年），頁四三。

2 同前註，頁四四—四五。

3 農林處，《臺灣省行政長官公署農林處接收之日資企業一覽》（臺北：農林處，一九四六年），頁三五。

4 同註 1，頁四七。

5 臺灣區茶輸出業同業公會編，《臺茶輸出百年簡史》（臺北：臺灣區茶輸出業同業公會，一九六五年），頁一九。

6 中央研究院近史所檔案館，《臺灣戰後時期經濟部門檔案》，〈臺灣茶葉外銷市場之研究〉，館藏號 035-12607，一九七五年；引自吳淑娟，〈戰後臺灣茶業的發展與變遷〉（臺中：國立中央大學歷史研究所碩士論文，二〇〇七年）。

視不同需求而調整。以一九六五、一九六六兩年的出口統計為例，一九六五年臺灣茶出口20,149,652公斤，其中紅茶占六四%、綠茶占二三%、包種茶占十二%、烏龍茶占一%。隔年，臺灣茶出口19,277,947公斤，規模相去不遠，但是各種產品的占比不同，紅茶占三五%、綠茶占五一%、包種茶占十二%、烏龍茶占二%。由此可見戰後臺灣茶靈活因應不同市場需求，製作不同產品的情形，且以紅茶、綠茶為主。[7]

臺茶的登場

戰後為了因應各市場的不同需求，品種改良便成主要工作。從一九六八年以後的茶樹品種改良，皆以「臺茶」為名進行編號。臺灣茶品牌更為響亮，也是戰後臺灣茶產業的指標變化。

「臺茶」品種的研發，來自於戰後「茶業改良場」的研究與推動。從日治時期以來，臺灣便有兩處茶葉研究單位——安平鎮茶業試驗所與魚池紅茶試驗所。戰後，這兩個單位皆為臺灣省農業試驗所接收，迭經多次改制、改隸的變化，最後於一九六八年與同為日治時期成立的林口茶業傳習所，合併改組為「臺灣省茶業改良場」（後改為行政院農業委員會茶業改良場），安平鎮試驗所改為桃園本場，林口、魚池則為文山、魚池分場。隨後，又於臺東、南投設立臺東分場與凍頂工作站。日治時期以來的研究能量，到了戰後不僅延續下來，還有進一步的擴編，讓茶改場成為「臺茶」發展的重要研究單位，也成為茶產業的重要支柱。

（一）戰後的品種改良

在品種改良上，一九五二年後，茶改場便於日治時期的基礎上，持續進行新的「臺茶」品種研發，因應市場對於產品的需求，直到二〇一九年，總共培育出二十四種新茶樹品種。其中，今日較為知名的茶種，如臺茶十二號「金萱」、十三號「翠玉」、十八號「紅玉」等，皆是市面上的生產主力。茶改場歷年推出的茶種，如表6–1所示。

（二）因應國際貿易的製茶工法

除了品種的研發以外，戰後臺灣茶商在綠茶的製茶工法上也有新的變化。綠茶工法可分為炒菁製綠茶，如珠茶、眉茶；以及蒸菁製綠茶，如煎茶，前者主銷北非，後者則銷往日本。一九四八年，英商協和洋行首先從上海引進炒菁綠茶製作法，來到臺灣生產，故臺灣茶產業得於戰後搶占非洲北部的綠茶市場。[8]

由於北非氣候乾燥，較缺乏蔬菜飲食，故茶葉為生活必需品，日飲多次，但當地對茶葉的水色、新陳等品質不甚看重，只要茶葉外型整齊、色澤平均，即視為良品，故臺灣所產的綠茶，可以很快打入北非市場。其中，以摩洛哥對臺灣炒菁綠茶的進口量最大，一九五九年臺灣綠茶出口量為3,456,469公斤，其中94.75%皆銷往北非的摩洛哥，可

7 吳淑娟，〈戰後臺灣茶業的發展與變遷〉（臺中：國立中央大學歷史研究所碩士論文，二〇〇七年），頁七六—七九。

8 臺灣區茶輸出業同業公會，《臺茶輸出百年簡史》（臺北：臺灣區茶輸出業同業公會，一九六五年），頁二一。

表 6-1 戰後臺茶的研發情形 （席名彥製表）

時間	品種	名稱	父本	母本	適製茶品
1969	臺茶一號	N/A	印度大葉種 Kyang	青心大冇	紅茶、眉茶
1969	臺茶二號	N/A	印度大葉種 Jaipuri	大葉烏龍	紅茶、眉茶
1969	臺茶三號	N/A	印度大葉種 Manipuri	紅心大冇	紅茶、眉茶
1969	臺茶四號	N/A	印度大葉種 Manipuri	紅心大冇	紅茶、眉茶
1973	臺茶五號	N/A	福州系天然雜交		綠茶、烏龍茶、白毫烏龍
1973	臺茶六號	N/A	青心烏龍系天然雜交		綠茶、紅茶、白毫烏龍
1973	臺茶七號	N/A	泰國大葉種 Shan 單株選拔		紅茶
1973	臺茶八號	N/A	印度大葉種 Jaipuri 單株選拔		紅茶
1975	臺茶九號	N/A	印度大葉種 Kyang	紅心大冇	綠茶、紅茶
1975	臺茶十號	N/A	印度大葉種 Jaipuri	黃柑	綠茶、紅茶
1975	臺茶十一號	N/A	印度大葉種 Jaipuri	大葉烏龍	綠茶、紅茶
1981	臺茶十二號	金萱	硬枝紅心	臺農 8 號	包種茶、烏龍茶、紅茶

1981	臺茶十三號	翠玉	臺農 80 號	硬枝紅心	包種茶、烏龍茶、紅茶
1983	臺茶十四號	白文	白毛猴	臺農 983 號	包種茶
1983	臺茶十五號	白燕	白毛猴	臺農 983 號	白毫烏龍、白茶
1983	臺茶十六號	白鶴	臺農 1958 號	臺農 335 號	龍井、包種花胚
1983	臺茶十七號	白鷺	臺農 1958 號	臺農 335 號	白毫烏龍、壽眉
1999	臺茶十八號	紅玉	臺灣野生茶樹 (B-607)	緬甸大葉種 Burma(B-729)	紅茶
2004	臺茶十九號	碧玉	青心烏龍	臺茶 12 號	包種茶
2004	臺茶二十號	迎香	2022 品系	臺茶 12 號	包種茶
2008	臺茶二十一號	紅韻	祁門 Kimen	印度 Kyang	紅茶
2018	臺茶二十二號	沁玉	青心烏龍	臺茶 12 號	綠茶、包種茶、凍頂茶、東方美人茶、紅茶
2018	臺茶二十三號	祁韻	祁門小葉種單株選拔		紅茶
2019	臺茶二十四號		臺灣原生永康山茶天然雜交		紅茶、綠茶

6-1

資料來源：吳淑娟，〈戰後臺灣茶業的發展與變遷〉（臺中：國立中央大學歷史研究所碩士論文，2007），頁 28-31；正福茶園，https://blog.xuite.net/xforc93551/twblog/130271099，2010；李臺強、陳右人，〈茶業改良場育成茶樹新品種－臺茶 22 號〉，《茶業專訊》第 91 期（桃園：行政院農委會茶業改良場，2015 年 3 月），頁 5；〈命名出線！臺灣紅茶新品種「祁韻」將獲年輕世代喜好〉，《聯合新聞》，2019.05.27；〈唯一原生臺灣味 臺茶 24 號 19 年育成〉，《中央社》，2019.08.06。

見摩洛哥為臺灣綠茶出口的主要市場。[9]在這波新興的綠茶熱潮下，大屯山區的石門一帶，也投入了鐵觀音等綠茶品種的生產與製作。[10]

蒸菁綠茶興起於一九六三至一九八〇年代，由於日本製茶成本高昂，轉向臺灣尋求成本較低的蒸菁綠茶回銷日本，臺灣業者亦發覺生產蒸菁綠茶利潤空間大，便積極向日本購入製作蒸菁綠茶的機械，開始生產煎茶。至一九七三年，全臺約有一百二十餘家可生產煎茶的製茶工場，當年度銷往日本的煎茶多達一千兩百萬公斤以上，占外銷茶總數的五一．四%。[11]隨著北非、日本消費市場的興起以及製茶工法引入，戰後臺茶的主要輸出產品，便從紅茶轉為綠茶為主要出口產品。[12]

不過，紅、綠茶的製作，主要是在發酵程度上有所不同，但同樣倚靠機械大量生產。因此，日治時期臺灣製茶業者開始啟用的釜炒、揉捻、乾燥等機械，於戰後都可繼續通用，並迅速切換於製作各式外銷茶品。[13]

臺灣茶商最厲害的，除了持續吸收新的知識、技術外，更能靈活因應國際市場的需求。例如，曾任臺灣區製茶同業公會理事長的黃正敏指出，即使工場早上仍在生產綠茶，只要發覺歐洲紅茶市場訂單急迫，工場老闆一聲令下，三個小時後工場就能開始改做紅茶。[14]可見，臺灣茶產業的靈活、機動性，無疑是產業蓬勃發展的重要原因。

（三）大屯山區的茶金歲月

戰後臺茶的蓬勃發展，也讓大屯山區的茶產業有了新的景象。在一九七〇年代左右，大屯山西側地區的茶園面積，在新北市三芝地區約有一千五百甲，淡水、石門地區則約有九百甲，皆較日治時期的茶園面積更高。金山地區雖較日治時期略減至三百多甲，但產量有所提高，顯見變化不大。[15]

以成果較佳的石門地區為例，戰後不僅當地茶園面積最高曾增加至一千四百甲，整體產量也較過去提升了將近一．五倍，每年多保持在三十至四十萬公斤的產量。[16]

至於新北市萬里與臺北市北投、士林地區的茶園面積則較日治時期下降不少，萬里、北投、士林皆已降至一百甲以下。[17]以北投地

9 中央研究院近史所檔案館，《臺灣戰後時期經濟部門檔案》，〈臺灣茶葉外銷市場之研究〉，館藏號 035-12607，一九七五年；引自吳淑娟，〈戰後臺灣茶業的發展與變遷〉（臺中：國立中央大學歷史研究所碩士論文，二〇〇七年）。

10 陳慈玉，《臺北縣茶業發展史》（新北：臺北縣立文化中心，一九九四年），頁四三。

11 張育榕，〈戰後臺灣綠茶產業之研究（1948-2005）〉（臺北：國立臺灣師範大學臺灣文化及語言文學研究所碩士論文，二〇一〇年），頁七七—一〇二。

12 吳淑娟，〈戰後臺灣茶業的發展與變遷〉（臺中：國立中央大學歷史研究所碩士論文，二〇〇七年），頁七六—七九。

13 李興傳，《綠茶製造學》（桃園：臺灣省農林廳茶業傳習所，一九五四年），頁五五—五六。

14 黃正敏先生訪問記錄，二〇一〇年一月五日；引自張育榕，〈戰後臺灣綠茶產業之研究（1948-2005）〉（臺北：國立臺灣師範大學臺灣文化及語言文學研究所碩士論文，二〇一〇年），頁四九。

15 三芝鄉公所編，《三芝鄉志》（新北：三芝鄉公所，一九九四年），頁一四九。黃繁光編纂，《淡水鎮志．中冊》〈經濟志〉（新北：淡水鄉公所，二〇一三年），頁一七九；徐福全總編纂，《石門鄉志》（新北：石門鄉公所，一九九七年），頁二六六。

16 徐福全總編纂，《石門鄉志》（新北：石門鄉公所，一九九七年），頁二六七。

17 薛化元、翁佳音總編纂，《萬里鄉志》（新北：萬里鄉公所，一九九七年），頁四二六；亮恭、鄭文達編纂，《臺北縣志》〈卷十八 農業志〉（新北：臺北縣文獻委員會，一九六〇年），頁三五六四。

18 同前註。

區來說，當地茶園除了面積略有減少外，最重要的是採茶範圍僅剩過去的四分之一左右。[18]也就是說，戰後大屯山區茶產業的榮景，主要集中於西側的淡水、三芝與北側的石門與金山地區。

產業榮景的另一現象，則是大屯山區製茶工場林立。依據新北市淡水區屯山里的李永棟先生所述，戰後僅屯山里一帶至少就有九間茶場，分別是金吉（謝金火）、萬有（陳萬生）、南陽（葉寶桐）、勝芳（潘九，大屯社平埔族）、瑞生（陳烏定）、榮記（王榮火）、建興（鄭火財）、日發（李根在）以及星光製茶場。由於當時有茶場並未取得工廠登記，故實際數量往往難以估算，但僅就屯山里的情況，仍不難想見製茶場林立的產業盛況。其他如石門、三芝等地的茶工場數量，亦不亞於淡水地區。受惠於出口量的增加，當時茶工場的生產非常熱絡，經營新北市三芝區東亞茶業公司的謝堉均指出，過去工場幾乎二十四小時全天生產煎茶，三天就可以生產出一個二十呎小貨櫃容量的茶葉。不僅如此，由於當時市場價格波動甚快，有時今天茶葉沒上船，明天就可能價格下跌。[19]因此，各處工場莫不加緊趕工，以因應市場需求與變化。

從外銷到內銷的新局面

戰後臺灣茶產業的榮光，在一九八〇年代前後有了新的變化，原本熱絡的外銷市場趨緩，但島內消費市場則逐漸興起，茶產業的生產與銷售皆較過去有不少變化，特別是中南部所生產的高山茶，則是開始成為島內消費市場的新寵兒。[20]

（一）內銷的變化

戰後臺茶出口雖曾經繁盛，但一九八〇年代國際市場對臺灣茶葉的需求遽降，紅茶銷量與價格受制於印度及錫蘭紅茶，臺灣紅茶在品質與利潤上，都難與南亞的紅茶競爭。[21]新興的北非綠茶市場，則是在成本因素下，不敵中國綠茶的興起，難以維持出口。日本方面，由於日本自身的經濟成長趨緩，加上日本國內推動煎茶增產，也逐漸減少對臺灣煎茶的需求。[22]

在國際茶葉市場與產業的變化下，一九八〇年代後臺灣紅、綠茶的出口量急遽縮減，整體出口銷量不斷往下降（表6－2）。從表6－2的數據可知，短短八年間，臺茶出口量便從12,101,631公斤下降至5,834,524公斤，出口量幾乎腰斬。

其中，紅茶與綠茶的出口量更是大幅衰退，紅茶僅剩過去的一成，綠茶也剩不到兩成，儘管烏龍茶較過去成長不少，還是難以彌補紅茶、綠茶的快速衰退。由此可見，臺灣茶在一九八〇年代以後，不僅整體外銷量遽降，原有的市場結構有了轉變，從過往紅茶、

19 謝堉均先生訪問記錄，二〇一〇年一月五日；引自張育榕，〈戰後臺灣綠茶產業之研究（1948-2005）〉（臺北：國立臺灣師範大學臺灣文化及語言文學研究所碩士論文，二〇一〇年），頁九七—九八。

20 陳慈玉，《臺北縣茶業發展史》（新北：臺北縣立文化中心，一九九四年），頁五四—五五。

21 黃欽榮，〈臺灣茶葉的內銷問題與發展策略〉，《臺灣茶葉發展研討會專集》（臺中：國立中央大學運銷學系，一九九一年），頁五八。

22 臺灣區製茶工業同業工會，《臺灣製茶工業五十年來的發展》（臺北：製茶工業同業工會，二〇〇四年），頁一三一。

表 6-2 1983-1990 臺灣茶業出口量比例表（單位：公斤）

年度		紅茶	綠茶	烏龍茶	包種茶	總計
1983	出口量	4,142,890	5,373,442	1,063,175	1,515,882	12,101,631
	出口占比	34%	44%	9%	13%	100%
1984	出口量	5,628,088	3,201,758	1,697,764	1,361,958	11,709,568
	出口占比	48%	26%	14%	12%	100%
1985	出口量	1,682,142	3,201,773	3,777,756	1,362,758	10,024,429
	出口占比	17%	32%	38%	14%	100%
1986	出口量	1,092,216	2,574,774	5,206,739	1,221,723	10,095,452
	出口占比	11%	26%	52%	12%	100%
1987	出口量	743,955	1,894,012	4,348,723	833,630	7,820,320
	出口占比	10%	24%	56%	11%	100%
1988	出口量	799,162	1,792,493	4,319,410	721,655	7,632,720
	出口占比	10%	23%	57%	9%	100%
1989	出口量	487,492	1,815,570	3,778,640	663,121	6,744,643
	出口占比	7%	27%	56%	10%	100%
1990	出口量	560,634	1,012,350	3,717,476	544,064	5,834,524
	出口占比	10%	17%	64%	9%	100%

綠茶為主，轉變成以烏龍茶作為主力產品。

此外，國內的經濟與社會發展，亦對臺灣茶產業影響甚鉅。一九六〇年代，臺灣農業產值與工業產值相近，但到了一九七〇年代以後，臺灣社會工商業發展迅速，工業產值占國民生產毛額將近八成，而農業產值則減為不到兩成，農工產值的落差，使茶產業出口價值重要性不如以往。[23]

對此，新北市淡水區蕃薯里里長王壽喜指出，一九八〇年代建築營造業大為興盛，一天工資約一千五至二千元，大家都跑去當工人，農村根本找不到人來採茶、做茶。[24]屯山里的李永棟先生也表示，一九八〇年代左右由

23 陳慈玉，《臺北縣茶業發展史》（新北：臺北縣立文化中心，一九九四年），頁一六一—一六六。

24 王壽喜先生訪問記錄。

6-2 **資料來源：**吳淑娟，〈戰後臺灣茶業的發展與變遷〉（臺中：國立中央大學歷史研究所碩士論文，2007），頁 79。

於工商業發展、農村人力不足，最後許多茶場都只能關閉。[25]這些報導人提及的現象，在在都說明國內經濟的變化，提高了人力成本，茶葉外銷也隨工資上漲而受挫，讓高度勞力密集的茶產業難以維持。

隨著一九八〇年代台灣紅、綠茶外銷不敵國際市場競爭，導致出口量縮減。就在此時，家庭式小型製茶工場反到逐漸興起投入內銷市場，一九八二年政府更宣布廢除「製茶管理規則」，開放茶農可自行成立小型製茶工場。

因工商業發展促進國民所得的增加，臺灣島內市場對於茶葉的需求提高不少，飲茶漸成臺灣社會的習慣。所以，茶商與茶農的小型製茶工場，透過自產自銷的茶葉，正好打入內銷市場的需求，並取得比外銷更好的獲利，政府與製茶業者亦透過廣告鼓勵內銷，來解決臺灣茶的外銷困境。在外銷受挫而內銷興起的情況下，一九九〇年代以來臺灣茶產業便確立了以內銷為主的市場結構。[26]

然而，過往習於生產粗製茶的傳統農村，不一定能夠順利適應茶產業外銷轉內銷的變化。農村製茶的收入遠低於進入都市工作，使農村難以留住年輕勞動力。生產成本上漲加上勞動力不足，迫使製茶業者及茶農選擇荒廢茶園，將土地轉為其他工業工場，或是變賣求現。例如，新北市石門區的茶農李宗烈先生曾提到，當地茶園荒廢後，也有墓葬經營業者開始收購荒廢的茶園，改建為墓園出售。[27]今日大屯山區西側一帶的殯葬園區，大多即是過往茶園改建而來。

（二）南茶成為主流

戰後臺灣茶產業的另一發展特色，即是茶葉產地明顯有「北消南長」的現象，特別是內銷市場興起後，中南部高山茶更受到本地消費者的喜愛。

戰後由於茶葉多為紅、綠茶的外銷，故大型製茶工場較多，製茶工場數量也較少，例如一九七一年全臺製茶工場僅二百八十四家。隨著一九八〇年代「製茶管理規則」廢除後，全臺製茶工場便迅速增加，截至一九八六年時，全臺已有 5,278 家製茶工場，其中南投縣就有 2,262 家，其次則為臺北縣 1,711 家，當中八成以上的茶廠都是以自產茶菁製茶。[28]製茶工場數量的變化，一方面顯示過去由製茶工場向茶農收購茶菁，大量製茶的生產模式，已轉為茶農自產自製，以精緻化、小規模的生產模式為主。另一方面，南投縣工場數量高居全臺之冠，幾乎占全臺數量的四成以上，顯示臺茶生產主力已從北部轉移到中南部地區，南茶已成本地市場的主要商品。

除了工商業發展與都市化的影響，茶產地的環境亦是造成「北消南長」現象的關鍵因素。北臺灣低海拔茶產地的茶葉，品質不如高海拔茶產地，過去多依賴大量粗製茶外銷，但在臺灣茶產業轉向內銷後，低海拔茶葉的品質已難以爭取內銷市場。南投及嘉義等高海

25 李永棟先生訪問記錄。
26 周孟嫻，〈我國茶葉加值策略分析〉，《臺灣經濟研究月刊》第三十七卷第三期（臺北：臺灣經濟研究院，二〇一四年），頁三四－四一。
27 李宗烈先生訪問記錄。
28 臺灣省政府農林廳，《臺灣茶園調查報告》（南投：臺灣省政府農林廳，一九八六年），頁六一－六三。

拔山區所生產的高山茶，較符合國內市場的喜好，茶園面積因此不斷增加，成為近年臺灣茶的主要產地。[29]

一九八〇年代以後，臺北縣與桃竹苗等過往北部的產茶重鎮，茶園面積皆大幅減少。相對於北臺灣茶園的消失，中南部茶園面積則是明顯成長，並集中在南投縣及嘉義縣。例如，一九八六年至二〇〇二年間，南投縣茶園面積從四千七百六十四甲，增加至八千三百五十甲；嘉義縣茶園面積則從八百三十一甲增加至二千三百零四甲。茶園面積的變化，更可顯見臺茶產地呈現「北消南長」的趨勢。[30]

值得一提的是，烏龍茶在茶葉出口趨緩的年代裡，仍開創亮眼的成績，這與一九八〇年代後日本對於烏龍茶需求的增加有關。當時，由於日本國內興起健康飲食的風潮，烏龍茶正好被視為新興的健康飲品，故日本國內飲料業者把握機會，在一九八一年推出易開罐裝烏龍茶，受到廣大歡迎，僅僅一九八六年間，日本罐裝烏龍茶的銷售量就超過六億罐，同時創造高達日幣六百億元的消費金額。[31]

如此榮景，連帶使臺灣烏龍茶葉出口得到成長。雖有此市場需求，但臺灣烏龍茶葉仍須面對廉價中國茶葉的競爭，臺灣茶業者便表示，日本的罐裝烏龍茶通常混用臺灣及中國產的茶葉，素質不一，臺灣烏龍茶應把握機會，向國際販售品質更佳的茶葉。[32]此時臺灣中南部所生產的烏龍茶，不僅作為外銷產品，也是本地茶飲消費市場的重要商品，臺茶「北消南長」的趨勢更為顯著。

隨著罐裝茶在日本流行，加上整體茶葉外銷市場衰退，臺灣國內業者也開始開發罐裝茶飲向國內市場銷售。一九八六年，康晨公司率先推出「巨達」烏龍茶，強調其茶葉來自凍頂高級茶產區，隨後，臺灣各家飲料廠商，包括天仁、統一等，亦皆投入罐裝烏龍茶飲料的生產。[33]到了一九九〇年代，如「開喜婆婆」等茶飲廣告的推波助瀾下，烏龍茶等罐裝茶飲，更是逐漸受到國內年輕消費者的注目與喜好，臺灣的茶葉消費，也透過罐裝茶飲有新的面貌。[34]

大屯山區的產業餘暉

大屯山區的茶產業從一九七〇年代中期開始，產量與銷量皆因外銷不振、逐漸下滑。一九七九年時，三芝及淡水的茶菁售價，便從每公斤五．五至六．五元下降為每公斤五元左右，產業已漸露疲態。[35]隨著經濟價值的下降，大屯山區的農家也慢慢放棄製茶事業，過去茶園面積最多的三芝地區，在一九七四年至一九八七年間，就從一千一百零五戶減少至一千零三戶茶農，時至今日，三芝地區的茶農已不足過去的一成。

29 余寶婷，〈臺灣茶園空間變遷之研究〉（臺北：國立臺灣師範大學地理學研究所碩士論文，一九九四年）；引自吳淑娟，〈戰後臺灣茶業的發展與變遷〉（臺中：國立中央大學歷史研究所碩士論文，二〇〇七年），頁一八。

30 吳淑娟，〈戰後臺灣茶業的發展與變遷〉（臺中：國立中央大學歷史研究所碩士論文，二〇〇七年），頁一五—一六。

31 〈罐裝飲料茶前景美好 大廠先後加入競產銷 經營製法各有巧妙消費者有福了〉，《經濟日報》，一九八七年六月二十一日，第九版。

32 〈日人愛喝烏龍茶 臺茶銷日前景佳〉，《經濟日報》，一九八四年十二月二十日，第三版。

33 〈罐裝飲料茶前景美好 大廠先後加入競產銷 經營製法各有巧妙消費者有福了〉，《經濟日報》，一九八七年六月二十一日，第九版。

34 〈企業經營成功實例：開喜烏龍茶成功塑造健康飲料形象〉，《經濟日報》，一九九三年一月三日，第十四版。

35 〈銷日本綠茶 比去年減少〉，《經濟日報》，一九七九年八月八日，第三版。

其餘各地的茶產業也面臨同樣的困境。例如，金山地區因工業發展快速與工資上漲，從事茶產業十天的利潤，甚至比不上當時從事工業一天的工錢。[36]在這種情況下，農民多半寧願去做工賺錢，也不願繼續守著茶園。[37]

雪上加霜的是，一九七六年金山茶葉運銷合作社解散、原本的茶園土地被金寶山、法鼓山、朱銘等企業收購，金山地區的茶園面積快速下降，到了一九八四年時已不足十甲茶園。[38]最後，人力需求高且費工的茶產業，

36 王良行、葉瓊英、陳修平合撰，《金山鄉志‧經濟篇》（新北：金山鄉公所，二〇〇四年），頁六二。

37 臺灣省文獻委員會編，《臺北縣鄉土史料（下冊）》（南投：臺灣省文獻會，一九九七年），頁一〇三九。

38 王良行、葉瓊英、陳修平合撰，《金山鄉志‧經濟篇》（新北：金山鄉公所，二〇〇四年），頁一五七—一五八；臺灣省文獻委員會編，《臺北縣鄉土史料（下冊）》（南投：臺灣省文獻會，一九九七年），頁一〇三九。

6-3

表格說明：士林及北投於 1949-1974 年間隸屬陽明山管理局，目前僅見 1950 年數；1974 年以後臺北市統計要覽數據皆顯示士林及北投已無茶園。

資料來源：《陽明山管理局二週年統計報告》（臺北：陽明山管理局，1951）；臺灣省政府農林廳，《臺灣茶園調查報告》（南投：臺灣省農林廳，1962）；臺北縣政府主計處，《臺北縣統計要覽》（臺北縣：臺北縣政府，1951-2010）；新北市政府主計處，《新北市統計要覽》（新北：新北市政府，2011）。

表 6-3　1950-2011 年大屯山區茶園面積比較表（單位：甲）

年份	淡水	三芝	石門	金山	萬里	士林	北投	總計
1950	524.8	1414.5	1357.8	376.3	237.1	33.0	73.2	4016.8
1961	757.8	1690.8	969.1	309.3	94.9	-	-	3821.9
1965	826.9	1731.0	977.4	319.6	94.9	-	-	3949.8
1970	876.4	1546.5	958.8	288.7	87.6	-	-	3758.0
1975	907.3	1525.9	912.4	206.2	82.5	-	-	3634.3
1980	679.4	1314.5	824.8	93.9	30.9	-	-	2943.5
1985	184.5	1091.0	670.2	4.4	-	-	-	1950.0
1990	160.1	1265.1	274.7	6.2	-	-	-	1706.0
1995	2.9	31.6	84.1	1.8	-	-	-	120.4
2000	2.9	31.6	84.1	1.8	-	-	-	120.4
2005	-	21.1	81.8	-	-	-	-	102.8
2010	1.1	17.4	46.1	-	-	-	-	64.6
2011	1.1	17.4	45.9	-	-	-	-	64.5

逐漸受到缺工影響而式微。萬里地區的茶產業，則從一九六〇年代起便逐漸轉作桶柑、番石榴等水果，且萬里一帶又有礦業發展，原本即說不上興盛的茶產業，自然也就更快被淘汰。[39]

以大屯山區各地茶園面積變化來說，一九五〇年大屯山區仍有4,016.8甲的茶園，但是到了一九九五年時茶園僅存120.4甲。在這不到半世紀的時間裡，大屯山區茶產業邁向了高峰，卻也迅速走了下坡，以往高達千甲茶園的三芝、石門，今日皆僅存不到十分之一。

為了說明這個變化，我們將一九五〇至二〇一一年間大屯山區各地茶園面積的變化情形，整理如表6-3。同時，我們也依據一九八九年經建版地圖中的圖資，標示八〇年代晚期大屯山區的茶園分布，情況如圖6-1。

從表6-3的茶園面積可知，大屯山區尚存幾分昔日榮景的地區，是從日治時期以來成為新興製茶基地的石門地區。儘管一九八〇年代以來石門茶產業亦深受外銷市場變化而受挫，茶葉生產與茶園面積皆較過去遜色不少，但是石門當地茶農仍積極發展、改良在地特色茶種，運用炭焙等製茶技術，打造「石門鐵觀音」。[40]

根據當地茶農李宗烈、謝宜良等人所述，石門地區以「硬枝紅心」為主，製茶工法的研發與改良，讓茶葉品質不會受到海風影響，

39 薛化元、翁佳音總編纂，《萬里鄉志》（新北：萬里鄉公所，一九九七年），頁四二六。

40 徐福全總編纂，《石門鄉志》（新北：石門鄉公所，一九九七年），頁二六四；〈石門「鐵觀音」打響知名度 年銷售量成長百分之二十〉，《經濟日報》，一九八九年八月十一日，第十八版。

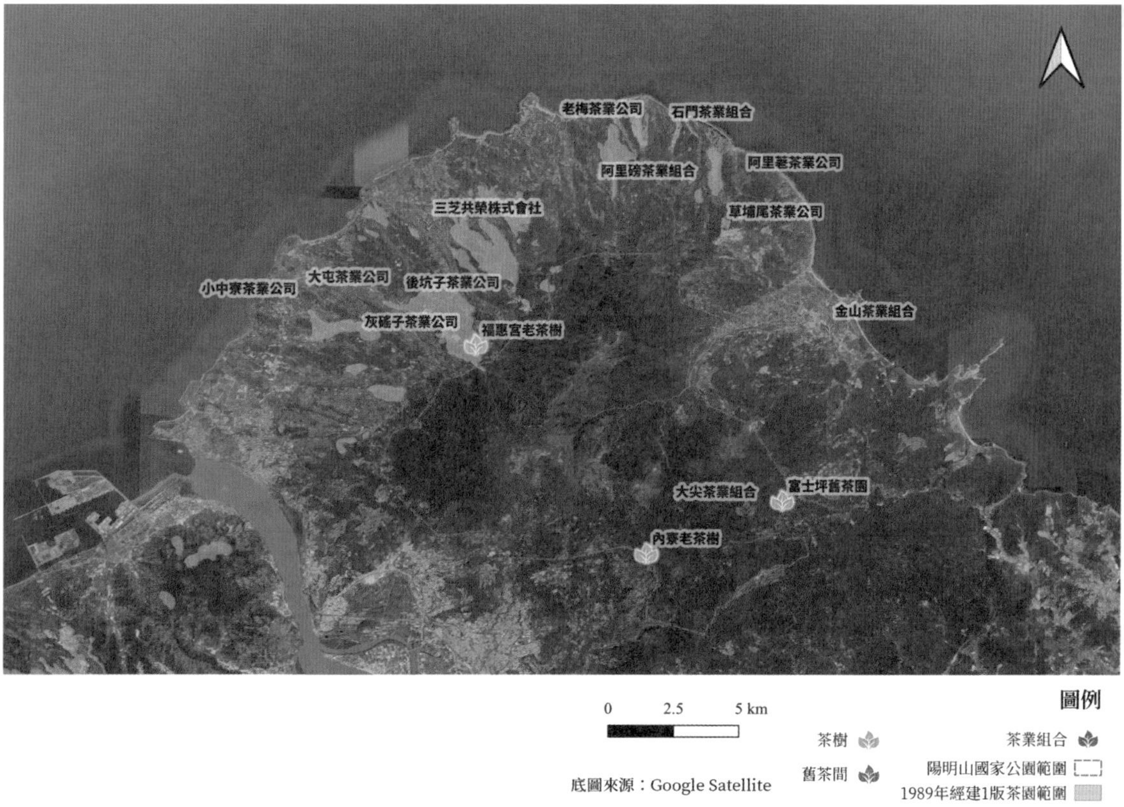

6-1

圖 6-1 1989 年的茶園分布情形。（劉玟宜重繪）

圖片說明：從這張地圖可知，戰後大屯山區仍有一波產業熱潮，過去重要的茶產地，仍有不少茶園分布於地表空間。

資料來源：改繪自《經建版臺灣地形圖》。

6-3 | 6-2

圖 6-2、6-3　石門地區的百年茶園。

圖片說明：石門地區仍有部分茶園，保留過往的茶苗，持續種植茶樹，這些茶園見證過以往的產業榮景，也將昔日風光保存下來，讓我們仍能見到曾盛極一時的茶園面貌。

資料來源：右圖為茶山步道的茶園，里昂紅攝影工作室攝；左為李宗烈經營茶園，陳志豪提供。

甚至得產生獨特韻味。[41]

昔日榮景與當代社會

大屯山區茶產業約起於十九世紀初期，沿著大屯山西側和東南側的山坡，隨著經濟市場的變化，逐漸擴展成為當地的重要產業，其榮景長達百年以上。透過這項百年產業的歷史發展，我們也能看到臺灣社會的發展動能。

在社會發展上，我們看到了漢人移民來臺後，想方設法利用淺山丘陵的環境，從事茶樹栽培的事業。等到茶產業逐漸興起後，跨區域與跨族群的茶農，更是積極接上外銷與改革的腳步，順應不同的政治與經濟局勢，發展不同的產品，將臺茶打造成為臺灣的明星商品。產業發展的活力與靈活，說明百年來臺灣社會的穩定成長，並非單純只是來自外在政治或經濟環境的變化，更重要是來自於本地社會的動能，才能在百年來的多變局面下站穩腳步。

在政治局勢的變化上，我們則是看到不同政權的更替，對產業的發展皆帶來深遠影響。十九世紀晚期清帝國的開港通商，讓帝國邊陲海島的臺灣，一躍成為對外貿易的前線基地；同為東亞重要製茶大國的日本，也在領臺期間將日本的製茶經驗、技術與市場帶到了臺灣，讓臺茶加入了新的風貌。戰後在中華民國的動盪變局下，臺茶仍開拓了北非、日本等綠茶市場，臺茶有了更為多元的發展。百餘年來，臺灣在諸帝國週緣之間，承襲了不同的歷史、知識與技術，臺茶也在歷史的波瀾中，慢慢摸索自己的定位與出路。

總的來說，大屯山區茶產業最大的歷史特

色，便是傳統與現代的兼容並蓄。一方面，大屯山區保有過往的茶種與生產方式，另一方面則迅速接收新的技術與知識，百餘年來從烏龍茶、包種茶、紅茶到鐵觀音等茶種類的生產與製作，正是傳統與現代交錯的結果。於是，我們在這裡能找到清代以來的「蒔茶」技術與茶樹，我們也能見到日治以來技術改革與本地製茶事業的興起，更能聽到戰後產業榮景的歷史記憶。各時期的歷史層次，同時並存於大屯山區，正好讓大屯山區茶產業的底蘊更加深厚，更能因應局勢而起。即使今日大屯山區茶產業不復榮景，但茶產業留下的歷史與人文精神，仍將成為下一輪盛世的養分。

41 報導人謝宜良、李宗烈。

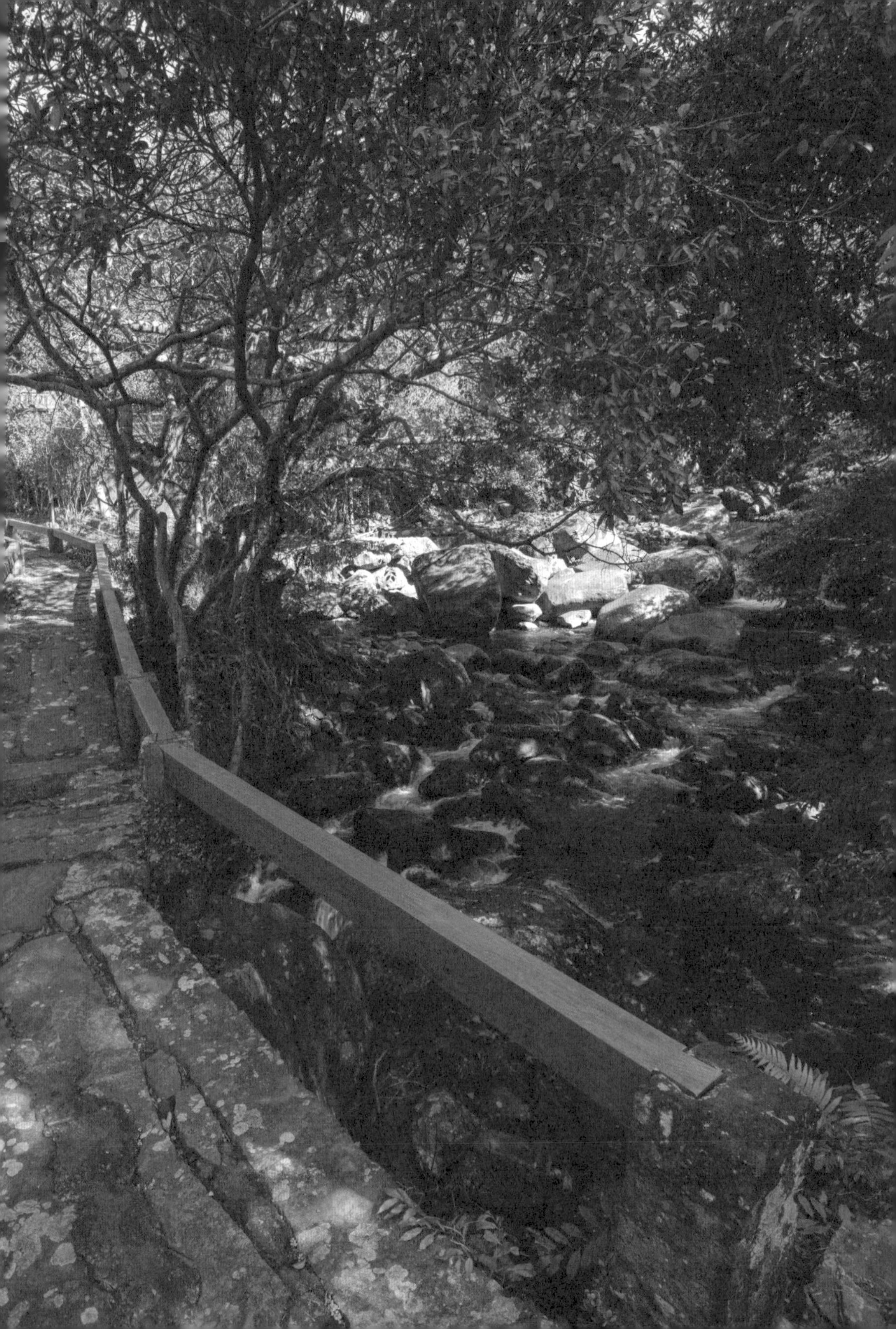

VII
產業留下的腳印

三板橋／里昂紅攝影工作室攝

一九八〇年代茶產業的變化，讓山坡上的茶園漸漸從大屯山區消失，人文景觀的腳印，也慢慢在歷史中淡去。一九九〇年代的研究者，例如，擎天崗一帶有石腳仔、花條寮、大厝地有金生寮（約今士林區菁山里）；湖底有水車寮、後山有鹽館寮等（約今北投區湖田里）。[1]據說，過去也有俗諺提及：「要吃就去花條寮，要嬈就去石角寮」，形容不同茶寮的活動特色。[2]這些口傳記憶與舊跡的記錄，不難讓人想像茶農苦中作樂的日常生活。儘管今日許多記憶與舊跡多已難尋，我們仍可以從稜線上的茶樹、蜿蜒的道路與建築遺構的細微觀察，認識昔日大屯山區的茶產業景觀。

茶樹與茶園的延續

茶樹與一般林木的經濟價值不同，並不是茶

7-1

圖 7-1 沿著古道漫步，尋訪昔日茶農挑運茶葉所經的路程。（Agathe Xu 繪）

樹在原地生長越久，經濟價值越高，而是透過重新栽植、培育，才有助於茶葉的生長品質，所以，我們現在能見到的老茶樹，不少都是透過壓條或扦插等方式，重新栽種後的延續。

茶產業在一九八〇年代漸漸式微後，大屯山區的茶樹多已移除，有些山坡改為其他作物的栽植，有些則回復成自然植被的樣貌，頂多僅剩人為開發痕跡的梯田景觀。不過，也有些茶樹並未被移除，仍然繼續生長於大屯山區，我們在今日的古道（步道）旁，或者山丘稜線上偶而還能見到幾株老茶樹，昂然挺立於山林之間。例如，萬里地區的富士坪古道上，還有過

1 李瑞宗，《陽明山地區產業遺址調查與保存規劃研究（一）》（臺北：陽明山國家公園管理處調查報告，二〇〇八年），頁六八。

2 李瑞宗，《陽明山國家公園魚路古道之研究》（臺北：陽明山國家公園管理處調查報告，一九九四年），頁一三〇。

7-2 | 7-3

圖 7-2、圖 7-3 竹篙山步道旁的茶樹。(張雅雯攝)

圖片說明：今日大屯山區許多步道兩旁，仍有過往的老茶樹留存於山坡上，這些老茶樹大多隱匿於樹叢間，稍加留意便能找到蹤跡。

往「大尖茶業組合」留下的茶樹；面天古道一帶，也有廢棄茶園留下的茶樹。

不僅如此，我們在探訪過程中，也得知臺北市士林區的平等里，以及新北市三芝區的圓山里、石門區的草里里，還有茶農持續照料著昔日的茶樹，這些茶樹都與當地的歷史記憶有關。

平等里過去的地名為坪頂，十九世紀初期曾修築水圳（今尾崙圳），而修圳的農人在契約中曾提及：「**圳主分得貳段，抽出崁下茶園連山壹小段埔。**」[3] 顯示當地種茶時間甚早。平等里的茶評價甚高，早在日治時期的報紙記錄與統計資料中，都可見到當地茶價高於其他地區的記錄（見第五章）。當地「內寮出山茶」的俗諺，亦是描述居民對於茶葉品質的自信。時至今日，過去號稱「一擔千金」的內寮茶葉，仍藏在平菁街尾的山林間，當地的朱清楠先生即曾帶我們拜訪先人留存下來的老茶樹與茶園。[4]

三芝區圓山里一帶，也有同樣的歷史故事。三芝區是大屯山區最早開發的茶產區，最早便有茶農先於巴拉卡一帶種植茶樹，做出成績後，大屯溪、八連溪等溪流的上游，也都開始種植茶樹，並往山坡下延伸，形成大屯山區最廣大的茶園。圓山里一帶，還找得到舊時的老茶樹。在福惠宮旁的樹叢中，其實便藏著約有百年之久的老茶樹。

3 「道光十五年鄒武等仝立分管山埔約字人」，收入〈開墾地業主權認定方認可申請ノ件（臺北廳）〉，《臺灣總督府及其附屬機構公文類纂》，國史館臺灣文獻館，典藏號：00005581001。

4 朱清楠先生訪談記錄。

根據已故的胡火煉先生所述，圓山頂一帶過往都是茶園，他自己也持續耕作先人留下的老茶樹與茶園。

今日作為生命紀念園區的「北海福座」旁，有座懷恩亭，懷恩亭旁有棵老相思樹，樹下就是以前他們交茶葉給茶販的集散地，那個地方也是茶農們共同的回憶。[5]

同屬大屯山區範圍的新北市淡水區草里里，亦留有當地居民早期移植而來的老茶樹。我們訪得「一良茶屋」的謝宜良先生，便指出住家對面山坡的茶園雖已廢棄，但還有老茶樹仍生長在山坡上。[6]

「雲頂製茶」的謝尛女士（謝媽媽）向我們提及，幼年時祖母曾向她提及祖先自福建原鄉帶來茶種，這些老茶種長成的茶樹目前雖已移除，但她將老茶樹利用壓條的方式，於茶園中繁殖成更多的茶樹。

「箴品茶研」的李宗烈先生，也向我們提及他利用先人留存的茶樹，重新恢復茶園的生產。[7]石門地區的口述歷史，說明今日當地的茶園，仍與往昔的老茶樹有所連結。

二〇一九年時，在行政院農委會茶業改良場副場長邱垂豐博士的團隊協助下，我們將臺北市士林區平等里、新北市三芝區圓山里的茶樹送交茶改場以SSR分子鑑定技術檢測。經過檢測後，可以發現這兩處約莫百年的老茶樹，均是以茶籽方式進行繁殖，茶種

5 胡火煉先生訪談記錄。
6 謝宜良先生訪談記錄。
7 李宗烈先生訪談記錄。

7-4

圖 7-4 富士坪古道兩旁今日仍可見到茶樹。（里昂紅攝影工作室攝）

7-5

圖 7-5 三芝區圓山里的老茶樹。（里昂紅攝影工作室攝）

圖片說明：三芝圓山里一帶也可找到多株老茶樹，這些茶樹同樣隱身在路旁的樹叢間，而這些老茶樹經過檢驗後，不僅可知品種與「奇蘭」接近，也可得知過往茶農係以「蒔茶」方式種植茶樹。

與福建安溪的「奇蘭種」有關，係混種而成。這一方面顯見大屯山區的茶產業發展，實受到中國福建安溪的影響，另一方面，茶樹品種的多源性，也顯見大屯山區茶農保有十九世紀以來混種的栽培模式。[8]

茶農與茶商往返的道路

除了茶樹與茶園外，大屯山區的古道，更是留下了茶產業的發展腳印，這些沿著山丘蜿蜒而行的古道，正是昔日茶農們往來山區採摘或挑運茶葉所走的道路。這些古道中，又以「金包里大路」、「大屯溪古道」（大桶湖溪古道）這兩條古道上，可以找到兩座與茶產業歷史相關的橋樑。[9]

在「金包里大路」上，距離上磺溪停車場入口約一．二公里處，有座「許顏橋」，它的前身便是「阿里磅茶業公司」負責人許里捐資興建而成的石橋。「阿里磅茶業公司」是日治時期以來石門地區最著名的茶業公司，其生產量最大，茶葉的品質也曾獲得當地競賽的首獎（見第四章）。[10]茶業公司的負責人許里，在一九二〇年成為庄協議員後，即於一九二〇至一九二三年間捐了八百元興建石板橋。[11]

8 邱垂豐、胡智益，〈陽明山茶樹種原分析報告〉，行政院農業委員會茶業改良場提供，二〇一九年。

9 關於這兩條古道的詳細說明，可參見李瑞宗先生的先行研究成果：李瑞宗，《陽明山國家公園魚路古道之研究》（臺北：陽明山國家公園管理處調查報告，一九九四年）；李瑞宗，《陽明山國家公園全區古道調查》（臺北：陽明山國家公園管理處調查報告，一九九九年）。

10 〈淡水石門庄主開第一回大量賽茶〉，《臺灣日日新報》，一九二七年七月十七日。

11 臺灣日日新報社，《臺灣日日新報》，〈許里〉，一九二三年五月三日，第四版；《表彰篤農家農事經營概要　附臺北州農會第一回篤農家表彰狀況》（臺北州農會，一九三〇年），頁六—八；原幹洲編，《南進日本之第一線に起つ—新臺灣之人物》（臺北：拓務評論社臺灣支社勤労と富源社，一九三七年）。此處幣值為當時台灣銀行發行的法幣，一九二〇年代初期臺灣人出身的小學教師，平均月薪約四十餘元，故許里捐獻八百元建造石橋，約等於捐出了當時小學教師十六個月以上的薪資。

7-6

圖 7-6 石門區草里里一帶茶園將老茶樹以壓條方式繁衍新茶苗。（陳志豪攝）

7-7

圖 7-7 內寮茶園長於樹林中的老茶樹。（里昂紅攝影工作室攝）

這座「許顏橋」的橋樑名稱起於何時，目前並無文獻可徵，一九九〇年代李瑞宗的調查中，曾指出此一橋樑名稱的文字並不確定，他訪得許永祿（許里之侄）後，始知「許顏橋」的來歷。[12]我們繼續追尋這條線索後，發現文獻記載橋樑係由許里獨資興建，可確知橋樑與許家有關。又，許里父親之名為「許清言」，橋樑名稱應係後人感念許家的貢獻，故名「許顏（言）橋」。[13]

「許顏橋」的出現，一方面反應茶產業對於石門地區的影響，許家在產業經營發展上的成功，讓他們有能力協助地方公共事業，捐資修築往來大屯山區的石橋。另一方面，也反應當時茶產業的產銷範圍甚廣，茶農與茶商有往來山區的需求。可以想見的是，當時「金包里大路」上除了各類商販往來外，茶農與茶商也利用這條道路來經營產業。

其次，在「大屯溪古道」入口處，也有一座一八七〇年修築的石橋，稱為「三板橋」，這座橋樑的興修，更能顯見十九世紀晚期大屯山區茶產業的發展。「大屯溪古道」入口的三板橋，目前已禁止通行，但橋墩上有「同治拾□年」字跡，推測為築橋年代，故可知該橋為同治十年至十三年間興修（1871-1874）。

根據一九三三年《三芝庄要覽》所載，三板橋係林永出資興建。[14]又，目前三板橋旁有一九九三年臺北縣（今新北市）的〈三德橋建造誌〉碑記，其內容提及：「**乾隆末年同**

12 李瑞宗，《陽明山國家公園魚路古道之研究》（臺北：陽明山國家公園管理處調查報告，一九九四年），頁一三五。

13 「許清言」之名，可參見《第一回臺北縣物產品評會事務報告》（臺北：臺灣總督府殖產局，一九〇二年），頁一〇三；一九〇九年汐止拱北殿的〈拱北殿捐題碑記〉；許榮華先生訪談記錄。

14 三芝庄役場，《三芝庄要覽》（新北：三芝庄役場，一九三三年），頁六六。

7-8

7-9

圖 7-8、7-9 許里的照片與捐資築橋的報導

圖片說明：金包里大路上的「許顏橋」，應係日治時期阿里磅茶業公司負責人許里捐資興建，許里因茶產業的興盛，家資漸豐，不僅成為地方領導階層，擔任街庄協議員（類似無給職顧問），也投入公共建設。

資料來源：原幹次郎，《自治制度改正十週年紀念人物志》，臺北：勤勞と富源社，1931 年，頁 24，漢珍數位圖書提供；臺灣日日新報社，《臺灣日日新報》，〈許里〉，1923 年 5 月 3 日，第 4 版，漢珍數位圖書提供。

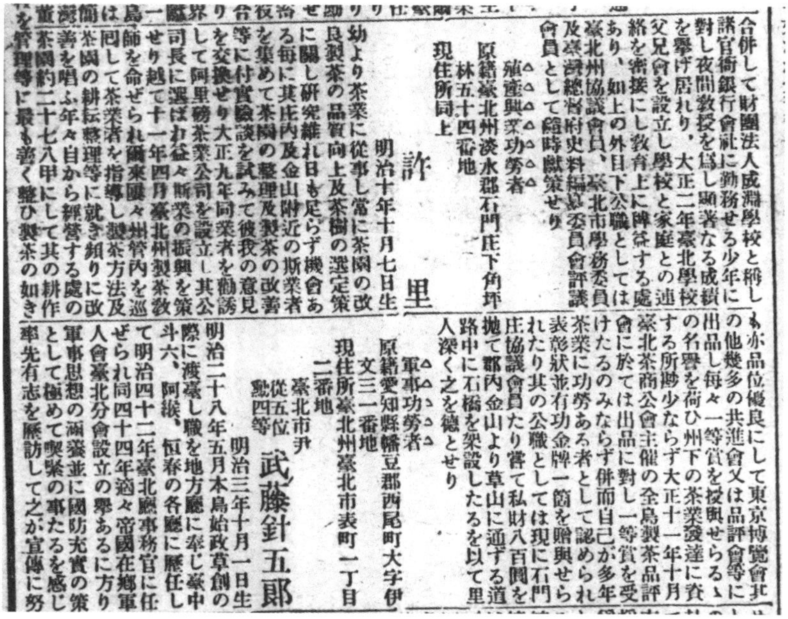
合併して財團法人成淵學校と稱し諸官衙銀行會社に勤務せる少年に對し夜間教授を爲し顯著なる成績を擧げ居れり、大正二年臺北學校父兄會を設立し學校と家庭との連絡を密接にし教育上に裨益する處あり、如上の外目下公職としては臺北州協議會員、臺北市學務委員及臺灣總督府史料編纂委員會評議會員として隨時獻策せり

許里

△殖産興業功勞者

原籍臺北州淡水郡石門庄下角坪林五十四番地

現住所同上

明治十年十月七日生

幼より茶業に從事し常に茶園の改良製茶の品質向上及茶樹の選定策に關し研究維れ日も足らず機會ある毎に其庄內及金山附近の斯業者を集めて茶園の整理及製茶の改善等に付實驗談を試みて彼我の意見を交換せり大正九年同業者を勸誘して阿里磅茶業公司を設立し其公司長に選ばれ益々斯業の振興を策せり越て十一年四月臺北州製茶教師を命ぜられ爾來屢々州管內を巡回して茶業者を指導し製茶方法及茶園の耕耘整理等に就き頻りに改善を唱ふ年々自から經營する處の茶園約二十七八甲にして其の耕作管理等最も善く整ひ製茶の如きも亦品位優良にして東京博覧會其の他幾多の共進會又は品評會等に出品し每々一等賞を授與せらるゝの名譽を荷ひ州下の茶業發達に資する所尠少ならず大正十一年十月臺北茶商公會主催の全島製茶品評會に於ては出品に對し一等賞を受けたるのみならず併而自己が多年茶業に功勞ある者として認められ表彰狀並有功金牌一箇を贈與せられたり其の公職としては現に石門庄協議會員たり嘗て私財八百圓を拋て郡內金山より草山に通ずる道路中に石橋を架設したるを以て里人深く之を德とせり

武藤針五郎

△軍事功勞者

原籍愛知縣幡豆郡西尾町大字伊文三一番地

現住所臺北州臺北市表町一丁目二番地

臺北市尹

從五位

勳四等

明治三年十月一日生

明治二十八年五月本島始政草創の際に渡臺し職を地方廳に奉じ臺中斗六、阿猴、恒春の各廳に歷任して明治四十二年臺北廳事務官に任ぜられ同四十四年適々帝國在鄉軍人會臺北分會設立の擧あるに方り軍事思想の涵養並に國防充實の策として極めて喫緊の事たるを感じ率先有志を歷訪して之が宣傳に努

7-10

圖 7-10 今日的許顏橋。（韓志武攝）

圖片說明：「許顏橋」的名稱據說係紀念許里的父親「許清言」，故有「許顏（言）橋」之名，惟今日所見之橋樑，係 1990 年代重新整建，故過去的橋樑名稱，究竟是「顏」或「言」，仍不得而知。

安人陳、李二姓人士所拓墾。道光初年另有同安人林永，來此種茶而漸興盛。該地為金山、石門、三芝山區居民通往淡水要道，偶遇溪水氾濫則步行艱難，林永乃自費架橋其上，分三段以大石橋鋪成，橋長十八公尺餘，寬一．三公尺」由此可知，修築三板橋的林永，來自於福建同安縣，十九世紀初期便在該處種植茶樹，後因見溪水偶有氾濫難以步行，故捐資築橋。[15]

從〈三德橋建造誌〉的記述內容，我們也可以進一步推想，十九世紀晚期茶產業興起後，對於道路的需求自然隨之提高，故投資茶產業的林永，便於一八七〇年代自費架築了三板橋。[16]換句話說，三板橋舊址的石橋，正好為大屯山區茶產業的發展，留下清楚的見證。

除了橋樑外，由於大屯山區各處皆曾有茶園，許多古道亦與茶產業的活動有所關連。例如，仍有茶樹蹤跡的富士坪古道、面天古道等，都能顯見古道與茶產業的緊密連結。今日「北二八」縣道九．一公里處連接富士坪古道處，仍留有一塊「喜心造路」碑，係一九六四年溪底村許國安先生捐資造路留下的碑刻記錄。根據當時的報導，此路係許國安將二十餘年來積蓄投入道路整修，便利村民求學、就醫等交通需求。[17]許國安先生的善舉，雖非針對茶產業發展而做，但溪底村過去是「大尖茶業組合」發展茶產業的重

15 三德橋係在舊三板橋旁新建之現代橋樑，用以取代三板橋，而一九九三年的〈三德橋建造誌〉立於今日道路旁。

16 當然，道路不會僅限於茶農通行，「大屯溪古道」沿線亦有大青等經濟作物之經營，關於其他產業的說明，可見李瑞宗，《陽明山國家公園全區古道調查》（臺北：陽明山國家公園管理處調查報告，一九九九年），頁三五—四〇。

17 聯合報社，《聯合報》，一九六五年九月二十六日，四版。

7-11

7-12

圖 7-11、7-12 今日的三板橋遺址以及三板橋前石碑。（里昂紅攝影工作室攝）

圖片說明：大屯溪古道入口處的三板橋，仍留有清代建造的石板橋，見證十九世紀晚期大屯山區茶產業的發展，故需要更多的交通建設，方便茶農、茶商等人往來山區。

要範圍，居民的聚居皆與茶產業發展有關。所以，許國安先生的善舉，可以說是因應茶產業發展下的聚落需求而捐資造路。進一步推估的話，今日與古道相連接的縣道、鄉道等道路，其實都與過去茶產業的發展息息相關。

此外，大屯山區有不少鄉間小路，過往皆有茶農行走期間。我們在調查過程中，也曾蒙淡水區屯山里的李永棟先生告知，今日「北五」縣道三公里處（輝達商店對面）仍有一條過往因應挑茶需求的小路，係以往茶農於茶園採摘茶葉後，挑運下山交茶的路線。[18]實地走訪這條挑茶小路，可知約有三公尺，可容納兩個茶農併肩挑茶前行。茶產業的發展，讓許多茶農進入的山林之間，走出了許多道路，這些道路或許默默無名，卻留下了茶產業的一頁歷史。

茶產業的建築遺構

大屯山區雖有百年以上的茶產業歷史，但隨著時空變化，相關歷史建築並不多見。一方面，舊時住宅多已改建；另一方面產業式微後，建築多半失去利用價值而較少維護，也未有相關文化資產的登錄或保存。[19]但是，我們透過田野調查的過程，仍能從茶工場等產業建築留下的遺構中，找到歷史的縮影。

在大屯山區，最著名的產業遺構應是位於富士坪古道一帶的「大尖茶業組合」相關遺構。[20]由於「大尖茶業組合」係一九二九年

18 李永棟先生訪談記錄。

19 長期於三芝一帶進行文史調查的周正義先生，便曾提及二十世紀末他還能在三芝見到許多茶工場的建築，但到了現在，這些建築多半頃頹或改建，已難見到往日的樣貌。也因為如此，今日要在大屯山區找到茶產業的歷史建築，其實並不容易。

20 大尖茶業組合遺址可參書名頁及頁一七五跨頁照片。

7-13

圖 7-13 1964 年溪底村的「喜心造路紀念碑」。（陳志豪攝）

圖片說明：二十世紀萬里區的茶產業發展，帶動了溪底村等地的聚落發展，也讓更多居民聚居於丘陵地區，從事茶產業。北 28 縣道上留存的「喜心造路紀念碑」，便是為了提供這些茶農及其家屬的交通需求而留下的歷史記錄。

由吳杉成立，故這些建築遺構多係一九三〇年代以後所建。目前留存多為門牆石柱，牆面雖多已倒塌，仍可見石柱及柱上門聯字句。這些立於山區且做工精緻的石柱，反映了當時茶業公司的輝煌時光。同時，富士坪古道沿途尚有石板搭建的土地公廟、屋舍石牆遺構、石磨等，應皆屬茶產業活動留下的建築遺構。

大屯山區過往也有多座茶寮建築遺構，但隨時空推移變化，今日多難見蹤跡。惟面天坪一帶的石屋群經過研究後，應有石屋曾作為茶寮之用。[21]由於面天坪一帶，早在二十世紀初《臺灣堡圖》的記載中，已於今日清天宮一帶標示茶園，顯見當地茶產業發展甚早。稍後，頂北投等地雖曾劃有保安林的設置，管控山林開發，但一九二三年即已陸續解除竹子湖共192.54甲的保安林、頂北投246.9611甲的保安林，面天坪一帶山林應可進行農業開發。[22]同年，北投庄分別成立十八分與紗帽山茶業公司，在頂北投、竹子湖等地經營茶園，可見保安林解除後確有部分山林作為茶園。[23]由此推估，面天坪石屋群的位置鄰近清代的興福寮（今淡水區樹興里）、菁礐庄（今北投湖山、湖田里），故推估過去曾因淡水、北投一帶茶產業的發展，而有部分建築作為茶寮使用。惟戰後淡水、北投的茶產業皆告式微，故石屋未再作為茶寮，與茶產業的連結也日漸淡化。

21 顏廷伃，《面天坪古石屋群及周邊地區自然人文景觀考古學調查研究》（臺北：陽明山國家公園管理處，二〇一七年），頁二一。

22 〈兩茶業公司に機械貸下と補助金〉，《臺灣日日新報》，一九二四年二月二十四日。

23 臺灣總督府，《臺灣總督府府報》，第三〇一〇號，一九二三年八月四日。

7-15

7-16

7-14

圖 7-14　今日「北 5」縣道約三公里處的挑茶小路。（陳志豪攝）

圖片說明：淡水區屯山里的李永棟先生，為我們指出這條北5縣道旁的小路，過往曾為茶農往返茶園的道路，而這條道路的樣貌，也能讓我們具體推估茶農往來山區茶園所需的基本道路規模。

圖 7-15、7-16　至今步道旁仍有茶樹及土地公石棚的富士坪古道。（里昂紅攝影工作室攝）

7-18 | 7-17

圖 7-17、7-18　面天坪古屋群的建築遺構。（張惠菁攝）

圖片說明：面天坪古屋群的石屋，過往也曾充作茶寮，顯見大屯山區的茶產業十分興盛，在各處留下的建築遺構中，都能找到與茶產業相關的記錄。

除了大屯山區的茶產業建築遺構外，在大屯山山腳一帶，我們還能見到過去茶工場的建築樣式。例如，在新北市淡水區屯山里「北五」縣道上，還保有部分日治時期日發製茶場與勝芳製茶場的建築遺構。根據李永棟先生所述，日發製茶場係由李根在（李君子）先生開設，目前僅留磚牆建築重新搭建鐵皮；至於勝芳則是潘久（大屯社後代）開設，今亦僅存立面的磚牆建築，尚能一窺過去的產業風華。

在淡水區的賢孝里，我們則能找到內部已毀損但外觀較為完整的製茶場，係八里碓（八里堆）盧姓家族所有，時間與背景不詳，推估約是戰後初期修築。淡水區樹興里的里長許秋芳家，也還留有過去製茶場的建築，約是戰後初期修築，據許秋芳先生所述，過去係使用柴油發動機來帶動製茶器械。總的來說，目前能見到的製茶場建築遺構，大致皆是一九三〇年代後以紅磚修築的茶工場，其規模不大，約與一般民宅相去不遠，惟有製茶需求，故建築高度有時略高於一般民宅。

7-19

7-20

圖 7-19 李永棟先生及右側的日發製茶場磚牆遺構。（陳志豪攝）

圖 7-20 「北 5」縣道旁勝芳製茶場的舊址。（陳志豪攝）

7-22 | 7-21

圖 7-21 淡水區賢孝里盧姓家族的製茶場外觀。（陳志豪攝）
圖 7-22 淡水區樹興里許秋芳家族的製茶場外觀。（陳志豪攝）

7-24 | 7-23

圖 7-23、圖 7-24 石門區草里里「一良茶屋」的舊照。（謝宜良提供）

圖片說明：1980 年代石門地區茶農於自己屋前曬青。

附錄
茶的身世、記憶與技藝

李柏毅訪問．撰文

大屯山區，臺灣茶業發展曾經閃耀無比的版圖，除了往昔的人文景觀，也流動出如今潺潺的技術史縱深。

科學技術協助我們以另外一種視域，返看大屯山區的茶葉史。本書研究團隊於臺北市士林區平等里與新北市三芝區採樣十六株老茶樹，藉由行政院農委會茶業改良場開發的SSR分子鑑定技術分析之。結果顯示，兩地區採集樣品皆屬小葉種群；品種來源無明顯差異，並皆包含：①硬枝紅心與大葉烏龍群、②青心烏龍及武夷群、③臺茶十四—

陽明山平等里採樣樣品

YM01（與 YM02 及 YM03 相似），分布於臺茶 14-17 號群
YM04 與 YM06 接近，為獨立群
YM05 與茶改場青心烏龍相似，分布於青心烏龍及武夷群
YM07 與茶改場黃心烏龍相似
YM08 與茶改場硬枝紅心相似，分布於硬枝紅心與大葉烏龍群

十七號群、④與茶改場黃心烏龍相似的單株。採樣結果並沒有鐵觀音，或許先人曾經嘗試種植卻失敗告終，這樣的推測也吻合陳右人及吳國和「鐵觀音（木柵）及青心烏龍（南港），由於產量低且生育不佳，早期種植的面積較少」之論點。[1]

奠基在大屯山區老茶樹的採樣結果，本文重點放諸茶葉的前世今生，從茶種的起源、茶樹栽植方法的試驗變遷、育種的選拔長賽、製茶的拚配工序，直到當代茶種的DNA分子標誌鑑定技術。茶是怎麼在臺灣落地、紮根並發揚光大？如何藉由科學，遙

1 陳右人、吳國和，〈臺北市茶園生產改進方法之研究〉（臺北：財團法人臺北市七星農田水利研究發展基金會，一九九三年）。

三芝地區採樣樣品

SC01 與茶改場硬枝紅心相似，分布於硬枝紅心與大葉烏龍群
SC02 與茶改場青心大冇較為相似
SC03 與茶改場牛埔完全一致，分布於青心烏龍及武夷群
SC04 與茶改場大葉烏龍不同，分布於青心烏龍及武夷群
SC05 與茶改場奇蘭相似，分布於奇蘭與鐵觀音群
SC06 分布於臺茶 14-17 號群
SC07 與茶改場黃心烏龍相似
SC08 為獨立群
SC10 分布於青心烏龍及武夷群
SC11 分布於臺茶 14-17 號群

望茶的歷史身世？鑑定技術又如何回應當前社會與市場的需求？為了確保科學知識之真確，資料來源除了整理史料、官方資料與相關學術文獻，並也訪談學者與茶業改良場專家，成稿後委請茶改場專家審定文章。

大屯山區老茶樹身世

藉由技術，我們得以判斷老茶樹的身世。或許會有讀者感到疑惑，為什麼大屯山區沒有種植紅茶或者綠茶呢？這些我們最為熟悉的名稱，其實並非茶種，而是依照不同發酵程度，加工得來的茶類。

就茶葉的發酵氧化程度以及茶湯色，可分為未發酵的綠茶、黃茶；部分發酵的白茶、青茶（烏龍茶）；完全發酵的紅茶、黑茶（如普洱茶）六大茶類。不同的茶種，皆能夠加工為各款茶類。適製與否，則是另一門學問，由於小葉種的黃烷醇類較少，適合製成為綠茶類或部分發酵茶；大葉種的黃烷醇類較多，則適合製成紅茶類。

綜觀大屯山區的老茶樹，名列日治時期四大茶種的大葉烏龍（名稱赫赫，但其實是小葉種）、青心烏龍、硬枝紅心與青心大冇皆上榜，前三種適合製成包種茶或烏龍茶等等的青茶類；最後者除了製成東方美人茶等青茶類，也適合製成綠茶類。

中南部的山茶固有種

茶的身世回顧，比老茶樹更久遠的，可以追溯茶種是如何飄洋過海，於臺灣落地生根。如今耳熟能詳的鐵觀音、青心烏龍等茶種，皆為後續漸漸引進而改良的品種。不過，臺灣也有少數的原生山茶，是這片土地的固有種。[2]

山茶屬（*genus Camellia*）植物主要分布在東亞與東南亞。臺灣位處分布區域的邊陲地帶，卻也有十二種原生種，就單位面積的密度，具高度的多樣性。根據日治時期平鎮茶業試驗支所技師井上房邦一九二一年的整理，臺中、臺南、高雄等州的中低海拔山區，存在高達數公尺[3]的喬木性原生山茶，魚池庄並有人工栽培的記錄。[4]也就是說，每當提及產茶的茶區時，我們首先會聯想到北部丘陵，然而臺灣原生種的山茶其實在中南部方可見得。

臺灣山茶屬學名，最早由「臺灣植物學之父」早田文藏於一九一九年所分類[5]。有趣的是，山茶的俗名容易使人混淆，例如*C. formosensis*與*C. japonica*皆被稱作鳳凰山茶；*C. salicifolia*則同時有柳葉山茶、生毛胡桃與今山茶三種名稱。因此，學名與俗名的相互參照相當重要，得以避免混淆同名異物之困擾。[6]

山茶作為臺灣茶的固有種，卻未受市場青睞。這是因為：生長地區偏僻，難以進出；茶樹高大，採摘不便；味道較為特殊強烈；以及最主要的原因——中國引入茶種繁殖之成功。[7]

2 陳右人，〈臺灣茶樹育種〉，《植物種苗》八卷二期（二〇〇六年十二月），頁一。

3 根據林業試驗所六龜研究中心的山茶研究，山茶樹高可達八公尺。可參沈勇強、孫銘源、周富三，〈臺灣山茶研究〉，《林業研究專訊》二十二卷四期（二〇一五年八月），頁五〇。

4 井上房邦，〈臺灣之茶樹品種〉，收於徐英祥編譯，《臺灣日據時期茶業文獻譯集》（一九九五年），頁一—二〇。（桃園：臺灣省茶業改良場）。

5 翁世豪，〈阿薩姆茶樹之發現與命名〉，《國立臺灣博物館學刊》七十三卷三期（二〇二〇年九月），頁五二。

6 翁世豪，〈臺灣原生山茶屬植物分類介紹〉，《茶業專訊》第九十六期（二〇一六年六月），頁一三。

7 吳聲舜，〈六龜野生茶介紹〉，《茶情雙月刊》第五十四期（二〇二一年四月）。

從山茶到臺茶二十四號，逾百年的茶葉發展史

清朝先民自福建帶來小葉種茶樹的種籽，如此以種籽在臺灣土地上播種、進行有性繁殖的茶，稱為「蒔茶」。蒔茶的實生苗，子代與親代之間的性狀歧異度可能很大，每一株的性狀與製茶品質也都不一樣。鑒於生長不齊、不利於生產與管理，隨後又自中國引入壓條苗，展開品種純化的無性繁殖。[8]

日治時期為臺灣栽培茶樹、製造茶葉與品種選育的現代化經營開端。一八九六年，總督府成立「擺接堡製茶試驗所」，是臺灣史上首個以茶葉為主軸的科學研究機構。此階段的研究重點，在於製茶試驗及機械製茶示範。一九一〇年「安平鎮茶樹栽培試驗場」，研究重點則進而轉向茶樹的栽培與品種試驗，

8 陳右人，〈臺灣茶樹育種〉，《植物種苗》八卷二期（二〇〇六年十二月），頁三。

A-1

資料來源：張忠正，〈日治時期臺灣茶葉的發展〉，《德霖學報》第二十四期（二〇一〇年 八月），頁 322-325；蕭淑文〈臺灣六十年來茶業技術研究與發展變遷—以「茶業改良場」為中心（1945~2005）〉（桃園：國立中央大學歷史研究所碩士論文，二〇〇七），頁 38-45。

表 A-1 茶葉科學研究機構沿革簡表。

1896	**擺接堡製茶試驗所** 臺灣首個針對茶葉的科學試驗研究機關，就臺灣烏龍茶、印度紅茶、日本綠茶等進行製茶試驗
1901	**什五份、龜崙口茶樹栽培試驗場** 宣導施肥
1903	**臺灣總督府民政部殖產局附屬製茶試驗場（安平鎮製茶試驗場）** 臺灣最早的機械製茶工場，以機械製茶減少茶業生產成本
1910	**安平鎮製茶試驗場改制「安平鎮茶樹栽培試驗場」，另成立「三叉河茶樹栽培試驗場分場」** 茶樹栽培試驗為主，製茶試驗為輔；茶樹品種試驗，優良品種推廣與選育
1921	**茶樹栽培試驗場改制「中央研究所平鎮茶業試驗支所」（平鎮茶業試驗支所）** 並重製茶、茶樹品種與栽培試驗，大幅增加包種茶試驗
1936	**魚池紅茶試驗支所** 紅茶用茶樹之茶種改良研究；推廣阿薩姆種茶樹扦插與壓條栽植
1939	**中央研究所平鎮茶業試驗支所改制「農業試驗所平鎮茶業試驗支所」**
1968	**合併設立「茶業改良場」** 農試所平鎮茶業試驗分所、魚池茶業試驗分所及農林廳直屬之茶業傳習所，合併為臺灣省茶業改良場（1999 年改隸屬行政院農業委員會）

逐步奠定多方並重的臺灣茶葉科學基礎。

由於臺灣茶樹品種紛雜，安平鎮茶樹栽培試驗場開始介入地方品系的優化暨產製。一九一二年，試驗場選出青心烏龍、黃柑種與大葉烏龍作為優良茶種，發配茶苗予茶農種植。當中的黃柑種，產量高，製成烏龍茶形狀亦美觀，然而香味品質欠佳。一九二三年因此改選，以青心烏龍、大葉烏龍、青心大冇與硬枝紅心，作為臺灣四大優良品種茶樹，推廣為北臺灣茶園最普遍栽種的茶種。[9]

雜交育種是臺灣茶樹育種的最主要方式。為了發展紅茶產業，總督府一九二五年自印度引入大葉種的阿薩姆茶葉，並陸續引入各地的阿薩姆個體或適製紅茶的茶種，除了發展茶樹繁殖，也多樣化臺灣茶樹的種源，投入雜交育種。[10]之所以採用小葉種與大葉種雜交，目的在於結合小葉種的特殊香氣與大葉種的高產量。國民政府爾後持續選育新品種，茶改場亦由此方式，選育而命名出臺茶系列，當中包含市面上常見的金萱（臺茶十二號）、翠玉（臺茶十三號）與紅玉（臺茶十八號）。當前二十四種臺茶，有十五種即以阿薩姆茶樹作為親本、或單株選拔（如臺茶七號、八號）而成。

原生山茶雖非栽培主流，也未湮滅在歷史洪流中，紅玉茶種即是緬甸大葉種與臺灣山茶雜交所育成。目前山茶亦有小規模的生產，能製成味苦而回甘的「仙茶」。[11]茶改場二〇一九年發表的「臺茶二十四號」，經過十九年的扦插繁殖與馴化栽培試驗，是臺茶系列迄今的最新成員，更是當中唯一的本土原生山茶品種[12]。高雄六龜山區在莫拉克風災後投入山茶產業的復興及推廣，其林下經濟潛力也備受討論。[13]

茶樹育種：長跑二十年的選拔賽

茶樹雜交育種是曠日彌久的選拔賽。茶改場首位場長吳振鐸先生，自一九四八年即著手新品系的選育，長跑二十年，直至一九六九年方選出「萌芽整齊，而密度大，又適於機械採摘」的臺茶一號至四號。[14]

育種選拔賽上，首先是為期三年的茶樹雜交，亦即將品種優良的父本與母本進行人工授粉。茶樹只需要雜交一次即可選種，然而選種的效率低，茶樹生長的質與量亦容易受到生長環境、栽培管理等等外在因素影響，至少得經過三年的觀察才能夠判定茶苗成績。緊接著是育苗階段，播種後的實生苗，得再經過一年的苗圃選拔。根據茶改場的育種資料，苗圃選拔階段注重的是「芽色，幼芽茸毛與密度、葉片厚度、葉形大小、著葉角度、耐旱性、抗蟲性、生長勢[15]」等等的性狀，表現不佳的茶苗即遭到淘汰。[16]

至此，雜交育種的選拔才剛剛拉開序幕。為了確保產量與品質具有栽培價值，茶苗接下來進入越加嚴格的淘汰賽。通過苗圃選拔

9 邱顯明，〈日治時期臺灣茶業改良之研究〉（桃園：國立中央大學歷史研究所碩士論文，二〇〇四年），頁六五—六六。

10 翁世豪，〈阿薩姆茶樹之發現與命名〉，《國立臺灣博物館學刊》七十三卷三期（二〇二〇年九月），頁六二—六三。

11 陳右人，〈臺灣茶樹育種〉，《植物種苗》八卷二期（二〇〇六年十二月），頁二。

12 作者不詳，〈臺灣茶界的「櫻花鉤吻鮭」，第一個本土原生山茶「臺茶二十四號」登場〉（二〇一九年八月），行政院農業委員會茶業改良場網站資料。

13 周富三、林文智、朱榮三，〈六龜山茶文化〉，《林業研究專訊》二十七卷四期（二〇二〇年八月），頁四四—四五。

14 蕭淑文〈臺灣六十年來茶業技術研究與發展變遷——以「茶業改良場」為中心（1945-2005）〉（桃園：國立中央大學歷史研究所碩士論文，二〇〇七年），頁四七。

15 生長勢：植物發育的速度與質量。

16 李臺強，〈茶樹育種〉，行政院農業委員會茶業改良場網站資料。

的實生苗來到單株選拔，以三百至五百株為一批，五年後篩選出生長勢較強的前五到十%，再進到下一階段的品系比較試驗。試驗為期同樣五年，將於茶改場總場、文山場、魚池分場、臺東分場四處同時種植，比較後終選出表現最優異之品系，才能夠申請新品種權的審查命名[17]，審查程序亦須等待六年以上。這樣的分段式選拔，可隨時淘汰不良的植株，已是經過簡化與優化的程序。

我們今日享受的那口清甜，是自二十多年海選中萬裡挑一、脫穎而出的箇中好手。揭曉茶種淵遠的身世後，下文視野將再次放諸大屯山區茶葉，一談製茶工序的前世今生。

茶的拚配工序

大屯山區採收的茶葉，得先經過炒茶菁工序，炒乾大半水份的初製「毛茶」（粗製茶）再循著諸如大屯溪古道的挑茶古道，運至大稻埕。茶商進一步將毛茶分級，按照不同等級拚配（併堆）成「精製茶」外銷中國。

拚配，是將不同產地、批次的茶葉原料或毛茶，區分等級後混料並調和品質的均質化工序。這是因為，茶葉產製容易受到諸如季節、氣候、環境、加工技術等等多重因素影響；即便生產者、產地、產季皆一致，不同製造日期生產出來的毛茶，口味便會有所差異。[18]

早期的拚配，具備濃厚的「截長補短」意圖。一九一〇年，茶樹栽培試驗場即曾將臺北州、新竹州不同茶區的茶葉，依不同比例混合，研究茶葉混合的品質優劣。[19]不過，就當代食品科學的立場，拚配是追求茶葉「質」與「量」皆必備的科學化工序。洪伯邑與練聿修對製茶公會的訪談資料中，製茶公會即指出，在「一整年都有打單」（即訂單）的需求與壓力下，必得藉由拚配，才得以量產出一樣的風味與品質。[20]

往後的拚配意圖，更多的是維持或精進品牌底下的商品品質。不同商品的拚配考量並不一致，若為茶包，拚配時主要講究的是穩定的口味。不過若為原形茶，則須進一步就特定茶類——例如青茶類的鐵觀音茶或半球形包種茶——的特質，仔細調配茶葉的外觀、香氣與茶湯色澤。[21]也就是說，除了品質的統一，要達到理想的香氣與滋味，亦須經由不斷的試驗與優化，終能確認最佳配方。

茶的界定與鑑定

為了確保品質的拚配工序，在當代卻進而萌生「混茶」與「臺灣茶」的食安議題。

二〇一五年，臺灣手搖杯業者「英國藍」使用的部分原料，遭驗出農藥殘留違規，除了花草茶含有人人聞之色變的DDT，其餘六款茶葉也被驗出超標的殺蟲劑芬普尼。[22]追蹤茶葉源頭時，發現坊間許多使用不同產地來源茶葉、尤其使用不同國家茶葉的「混茶」。

17 如品系臺農二八三號命名為臺茶十六號「白鶴」。

18 童華榮、龔正禮，〈茶葉拼配的混料設計研究〉，《茶葉科學》二十四卷三期（二〇〇四年九月），頁二〇七。

19 蕭淑文〈臺灣六十年來茶業技術研究與發展變遷—以「茶業改良場」為中心（1945-2005）〉（桃園：國立中央大學歷史研究所碩士論文，二〇〇七年），頁九七。

20 洪伯邑、練聿修，〈「越」界臺茶：臺越茶貿易中的移動、劃界與本土爭辯〉，《文化研究》第二十七期（二〇一八年十二月），頁一一四。

21 吳聲舜，〈用心定位臺灣茶，為千萬茶人謀幸福〉，《茶業專訊》第八十六期（二〇一三年十二月），頁四。

22 〈英國藍茶葉農藥殘留 上游疑混茶 來源含斯里蘭卡、越南、臺灣〉，《上下游》，二〇一五年四月二十二日。

當國籍混血的茶出現食安疑慮，「臺灣茶」的界定也備受矚目。為了推廣飲茶風氣與臺灣茶文化，諸如鹿谷的重要茶區，自一九七五年起陸續舉辦優良茶賽，然而產地來源含外國茶葉的混茶參賽，獲獎案例時有所聞[23]；也出現強調不添加、拚配其他產地茶葉的比賽茶，以「在地」作為優良品質的主要訴求[24]。這揭示混茶與臺灣茶間的依存與矛盾張力。茶葉的拚配，原先是為了確保品質，如今反而也成為品質建構的重要一環。

那麼，我們如何能夠判斷茶葉從哪裡來，什麼是臺灣茶而什麼則否？臺灣於二〇〇五年修正公布《植物品種及種苗法》，將茶樹種苗與茶葉製品列入品種權的保障範圍。在侵犯智慧財產權疑慮、茶葉食安品質建構的需求下，相關的鑑定分析技術漸趨完善，有助於精確辨識茶葉的品種、產地與茶樹年代。

茶種鑑定上，最簡易的判別方式為辨識茶樹的外在性狀。然而，可供辨別的性狀有限，外觀與基因表現也容易受到環境與栽培管理方式的影響。具備「種類多、多型性豐富、分布於整個基因體、可在植物不同生育時期或不同部位取樣、不受環境及基因表現與否的限制、少量樣品可進行多次分析、短時間可檢測大量樣品、較其他技術有較高之準確性」等等優勢的DNA分子標誌[25]，因此成為品種鑑定的主力。

茶葉也有指紋？

DNA分子標誌鑑定技術分為四種類型。第一類是以「限制酶切割」為基礎的限制片段長度多型性（restricted fragment length polymorphism, RFLP），利用限制酵素來辨識特定的DNA序列，具備高度的專一性。第二類為高靈敏性的「聚合酶連鎖反應」（polymerase chain reaction, PCR），利用電泳分析，若引子與分析樣品之DNA模版互補黏合，便會產生電泳條帶。本章第一小節針對大屯山區老茶樹的身世探勘，採用的簡單重複序列（simple sequence repeat, SSR）技術即屬於此類。

第三類為結合前兩類的「增幅片段長度多型性」（amplified fragment length polymorphism, AFLP），先以限制酶剪切DNA樣品，再以引子進行PCR反應；其過程最為繁複，技術與硬體門檻高，因此不易普及。第四類以「DNA序列歧異度」為基礎，技術上分為直接DNA定序分析，提供DNA指紋，也就是看茶葉DNA的A、T、C、G「鹼基對」（茶葉指紋是看鹼基對，並不是看葉面的表層紋路）；或者「切割增幅多型性序列」（cleaved amplified polymorphic sequence, CAPS）。

CAPS同樣具備RFLP的高專一與PCR的高靈敏，但試驗流程與AFLP相反，乃先針對茶種特定DNA片段進行PCR反應，再以限制酶，就DNA序列上的單個核苷酸鹼基間變異，進行酶切反應。由於茶葉的加工過程，包含過高溫殺菁及烘焙處理，恐損及葉內DNA的數量與完整性，因此較適合使用短片段、高專一性的技術來鑑定茶種，SSR和CAPS方法相對適

23 洪伯邑、練聿修，〈「越」界臺茶：臺越茶貿易中的移動、劃界與本土爭辯〉，《文化研究》第二十七期（二〇一八年十二月），頁一一二—一一三。

24 吳聲舜，〈用心定位臺灣茶，為千萬茶人謀幸福〉，《茶業專訊》第八十六期（二〇一三年十二月），頁四。

25 胡智益、蔡右任、林順福，〈DNA分子標誌應用在茶樹之現況與潛力〉，《農業生技產業季刊》第二十五期（二〇一一年八月），頁三一。

當，是臺灣鑑定成品茶的主要手段。[26]不過，分子標誌鑑定技術的結果是否具概推性，也面臨「缺乏具代表性的樣本數、缺乏良好分子標誌多型性計算」的限制與挑戰。[27]

茶葉的身世，除了以DNA分子標誌分析茶種，也有鑑定其產地與年代的科學方法。

茶葉含帶的微量元素[28]，因產地的地質條件與土壤營養素而有所差異，藉由「微量元素分析技術」能夠辨識茶葉的產地。「X-ray樹輪密度圖譜」則能夠測量樹齡，協助評估茶樹的生長年代[29]。此外，以身為度的「感官品評方法」，以身體感官而非科學儀器作為品評的工具，乍聽沒有信服力，然而茶葉中的茶胺酸、表兒茶素等成分，皆會直接影響茶湯口感，例如茶的澀味主要來自兒茶素類，高溫會使得茶菁的兒茶素含量較高，夏茶的茶味較容易苦澀。[30]

感官品評要建立「指標」，須經過縝密的量化步驟，首先得分析特定茶樣的茶葉化學成分，並統計專家、消費者對茶湯特徵之反應和偏好，方得以制定合理又能符合市場青睞的標準。茶改場將品評的審茶項目分為：茶葉之外觀色澤、水色、香氣、滋味和葉底[31]，亦擬定專業的課程與試驗，培養品評人才。以感官體驗為基礎的品評方法，建立別具特色的市場秩序，將農產品的品質與形象區分得更為精緻。[32]就此，余舜德亦指出，一九八〇年代開始流行的高山茶「清香」是「特意修改部分工序所創造出的味道」；茶的風味並非理所當然，而是奠基於茶的物質性與文化傳統，歷經商品化與科技共同演化之繁複過程。[33]

當我們對「臺灣茶」的邊界、或者連它長什麼樣子都不清楚時，科學便登場，協助我們更精確地辨別茶的品種、產地與年代。科學並非客觀的技術，背後永遠是人為的設計與考量，為了更好的茶葉質量與茶湯風味，為了智慧財產權或食安品質的需求。抿一口茶，我們品嚐到的香氣與滋味，無不充滿這些歷史的細節。

銘刻於歷史與風土的茶葉 DNA

壺已見底，唇齒留香。茶的身世，放諸今日最受大眾關心的，乃食品安全議題。在食不安心的社會氛圍下，我們顧慮自己入口的食物，從哪裡來、是否具備值得信賴的品質，方能放心吞嚥入肚。值得注意的是，「茶從哪裡來？」的叩問，不僅僅反映當代「從產地到餐桌」的跨國地理尺度，亦銘刻著淵遠

26 胡智益、蔡右任、林順福，〈DNA分子標誌應用在茶樹之現況與潛力〉，《農業生技產業季刊》第二十五期（二〇一一年八月），頁三一—三三、三六。
27 Xia, E. H., Tong, W., Wu, Q., Wei, S., Zhao, J., Zhang, Z. Z., ... & Wan, X. C. (2020). Tea plant genomics: Achievements, challenges and perspectives. *Horticulture research*, 7(1), p13.
28 微量元素，亦即在生物體含量低於〇.〇一%的元素，諸如鐵（Fe）、鋅（Zn）、錳（Mn）。
29 林振榮、鍾智昕、邱明賜，〈應用 X-ray 樹輪密度圖譜技術解析茶樹的樹輪特徵值及樹齡〉，《臺灣茶業研究彙報》第三十三期（二〇一四年十一月），頁二九—四三。
30 陳國任，〈茶之澀味〉，行政院農業委員會茶業改良場網站資料。
31 郭芷君、楊美珠，〈茶葉感官品評簡介〉，行政院農業委員會茶業改良場網站資料。
32 簡立賢、紀淑怡、戴錦稔、黃正宗，〈享用與敘述性品評指標評估與分析—臺灣高山茶應用〉，《調查研究—方法與應用》第四十四期（二〇二〇年四月），頁一三六、一六四。
33 余舜德，〈「清香風味」作為研究主題：李亦園院士致力督促之身體感的研究取徑〉，《臺灣人類學刊》十六卷二期（二〇一八年十二月），頁一三〇、一三五、一三九—一四一、一四三—一四五。

流長的茶葉發展史。

茶葉的複雜身世，是飄洋過海引入種籽、品種純化、輔導並推廣地方品系、持續育種試驗、嚴格選拔出臺茶……等等的悠久過程。每一步，都是孕育出當代臺灣茶業的不可或缺步驟。

大屯山區的產茶或已沒落，但卻是茶葉史流域的重要源頭之一，由此流動出至今依然引人入勝的人文景觀，以及充滿細節與變化的技術史縱深。DNA技術旨在挖掘茶葉的身世，不過茶葉DNA或許早已銘刻在臺灣的風土與歷史，拚配成獨特而強韌的文化，一如最早以種籽繁殖的蒔茶，在臺灣衍生出多樣盎然的地方品系。▲

A-2

附錄圖　一小罐臺灣茶葉，背後是茶樹的身世，以及一個地方茶產業的歷史。（Agathe Xu 繪）

從陽明山國家公園境內的小觀音山望向遠處北海岸／陳韋達攝

Belong 08

草山紅
陽明山國家公園的茶業發展史 1830-1990

合作出版—衛城出版
陽明山國家公園管理處
作　者—陳志豪
卷首地圖—Agathe Xu、廖珮蓉（插畫）、楊東霖（GIS 地圖）
攝　影—里昂紅攝影工作室
插　畫—Agathe Xu、廖珮蓉
內文 GIS 地圖—劉玫宜
附錄採訪撰文—李柏毅

陽明山國家公園管理處
發行人—曾偉宏
審　定—張順發、韓志武
策　劃—華予菁
專案執行—高千雯
地　址—一一二九二 台北市北投區竹子湖路一之二〇號
電　話—〇二—二八六一—三六〇一
網　址—http://www.ymsnp.gov.tw

衛城出版
執行長—陳蕙慧
總編輯—張惠菁
責任編輯—張惠菁、陳怡君
行銷總監—陳雅雯
行銷企劃—尹子麟、余一霞
封面設計—朱疋
內文版面設計—葉馥儀、薛美惠

社　長—郭重興
發行人兼出版總監—曾大福
出　版—衛城出版／遠足文化事業股份有限公司
發　行—遠足文化事業股份有限公司
地　址—二三一四一 新北市新店區民權路一〇八—二號九樓
電　話—〇二—二二一八—一四一七
傳　真—〇二—二二一八—〇七二七
客服專線—〇八〇〇—二二一—〇二九
法律顧問—華洋法律事務所蘇文生律師
印　刷—呈靖彩藝有限公司
初版一刷—二〇二一年九月
定　價—四二〇元

國家圖書館出版品預行編目 (CIP) 資料

草山紅：陽明山國家公園的茶業發展史 1830-1990/ 陳志豪著 .
-- 初版 -- 新北市：衛城出版 / 遠足文化事業股份有限公司；
台北市：陽明山國家公園管理處
面 ; 公分 --(being；08)
ISBN 978-986-06518-5-0(平裝)
1. 茶　2. 歷史　3. 陽明山國家公園
481.609　　110009293

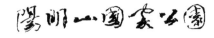

ACROPOLIS 衛城
EMAIL—acropolismde@gmail.com
FACEBOOK—www.facebook.com/acropolispublish